「食」の図書館

コーヒーの歴史

COFFEE: A GLOBAL HISTORY

JONATHAN MORRIS
ジョナサン・モリス【著】
龍 和子【訳】

原書房

目次

［……］は翻訳者による注記である。

序章◉いざ、コーヒーの歴史へ

世界のいたるところでコーヒーは飲まれている。商業的栽培が行なわれているのは4つの大陸においてだが、7つの大陸すべてで非常に人気がある飲み物だ。南極で調査を行なう研究者たちもコーヒーを愛飲し、国際宇宙ステーションにはイタリアのエスプレッソマシンまで備えつけられている。コーヒーノキはエチオピアの森からラテンアメリカの「フィンカ」［かつてのスペイン領植民地における伝統的大農園（アシエンダ）のうち、グアテマラのものをこう呼ぶ］へと旅し、オスマン帝国のコーヒーハウスで盛んに飲まれた。現代においては「サードウェーブ」［コーヒー第3の波。インスタントコーヒー、シアトル系コーヒーに次ぐ、コーヒー本来の価値を重視しようとする潮流。厳選した高品質の豆を自家焙煎し、一杯ずつハンドドリップする］のカフェで味わわれ、さらにはコーヒーを淹れるポットに代わりカプセル式のコーヒーマシンが登場した。

本書『コーヒーの歴史』は、歴史家がコーヒーの歴史をたどるという点においてユニークであり、世界はどのようにしてコーヒーの味を覚え、なぜコーヒーの味は世界各地で大きく異なるのかを探っていく。そして15世紀に初めてコーヒーを飲んだアラブのスーフィー派［イスラム教神秘主義者とも呼ばれる］の人々から、21世紀のアジアでスペシャルティコーヒーを楽しむ人々まで、どのような人々がコーヒーを飲んだのか、なぜ、どこでコーヒーを飲んだのか、そしてコーヒーをどのように淹れ、そのコーヒーはどのような味だったのかを追う。さらにはコーヒーが栽培された地域や栽培方法について取り上げ、コーヒー農園で働いた人々、農園所有者、コーヒー豆の精製、貿易、輸送の工程も見ていく。コーヒーの背後にあるビジネス——ブローカー（仲買業者）、焙煎業者、コーヒーマシン製造業者——を分析し、コーヒー生産者と消費者とをつなぐ産業の背後にある地政学までも詳細に検討する。

第1章ではコモディティコーヒー［先物取引市場で扱われる。農園や生産者に関係なく同じ銘柄でまとめられ、世界でもっとも多く流通している「普通の」コーヒー］とスペシャルティコーヒー［品種、生産地などが特定可能で、ユニークな香りや味がする高品質なコーヒー］との区別や、こうしたコーヒーが種子から飲み物へと変身するまでの工程を取り上げる。

コーヒーの歴史は5つの時代に区分される。まずコーヒーはエチオピアからイエメンに伝わって山地の段々畑で栽培されるようになり、インド洋および紅海沿岸のムスリムのあいだで売買されて「イスラムのワイン」として供された。18世紀になるとヨーロッパの人々がこれを植民地の商品とし、農奴や奴隷を使って、インドネシアのジャワ島やカリブ海の島国ジャマイカでコーヒー栽培

世界のコーヒー生産量に占める地域の割合（%）*

	アフリカおよびアラビア	カリブ海地域	アジア	ラテンアメリカ
1700年	100	0	0	0
1830年	2	38	28	32
1900 ～ 1904年	1	4	4	91
1970 ～ 74年	30	3	6	61
2011 ～ 15年	9	1	32	58

＊Benoit Daviron and Stefano Ponte, *The Coffee Paradox*（London, 2005）, p. 58; ICO のデータより

を行なった。

19世紀後半にコーヒーが工業的に生産されるようになってブラジルでの生産量が急増すると、アメリカで大量消費市場が誕生した。１９５０年代以降、コーヒーは世界で飲まれるようになった。アフリカおよびアジアが、気候の変化や病害虫に強く、えぐみや苦味の強いロブスタ種を栽培して世界のコーヒー取り引きで大きなシェアを獲得し、このコーヒー豆で安価なブレンドコーヒーが作られ、また水や湯に溶けるソリュブルコーヒーが生まれたのだ。20世紀末には、コーヒーのコモディティ化〔商品の品質や機能など、その高い価値が低下してごく一般的な商品となること〕に対する動きとして、もう一度コーヒーを「特別な飲み物」にしようとする運動がはじまった。この動きがうまくいけば、これがコーヒーの歴史における第５の時代となるだろう。

コーヒー豆の取り引きには、コーヒーに関するさまざまな定義や計量単位が用いられる。異なる時代のデータ群をそのまま比較できることはあまりないが、本書では強引に換算するのではなく、統計がとられたときの数値を用いている。多数の資料により導き

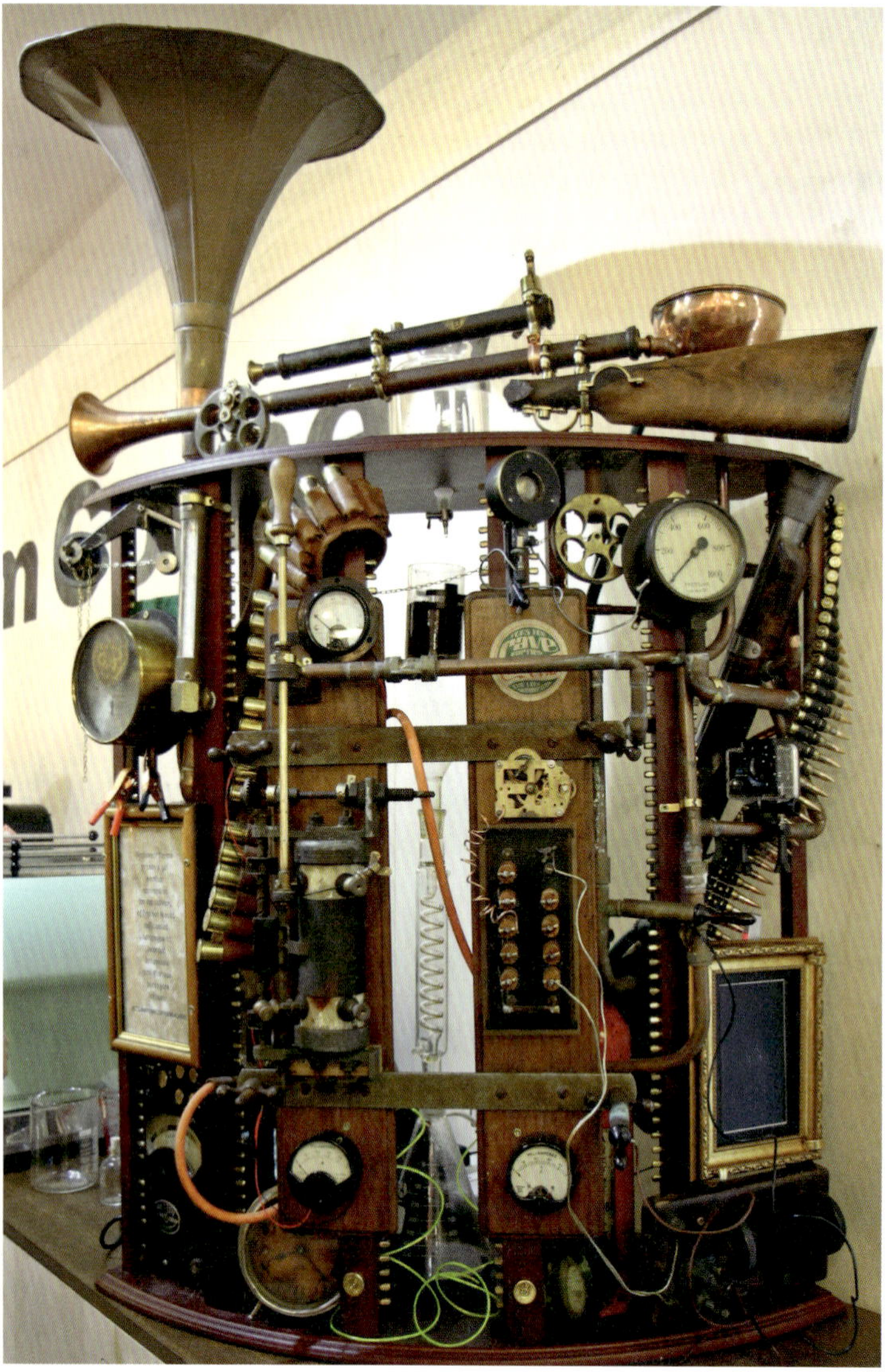

“スチームパンク”式コーヒーマシン。この独特のコーヒーマシンはさまざまな部品を再利用して作った新しい装置で、2017年開催のロンドン・コーヒーフェスティバルの話題作りのために製作された。このマシンの中央部には冷水でドリップするタイプのコーヒーメーカーがあり、1リットルのコーヒーを抽出するのに8時間も要する。

出した数値は、あくまで世界のコーヒー産業を全体的に見た場合の変化の傾向や規模を検証するものであり、本書に提示する数値が絶対的なものではない点はご承知おき願いたい。

コーヒーカップを片手にページをめくり、コーヒーの歴史をじっくりと味わおう。

phology of

E PLANT

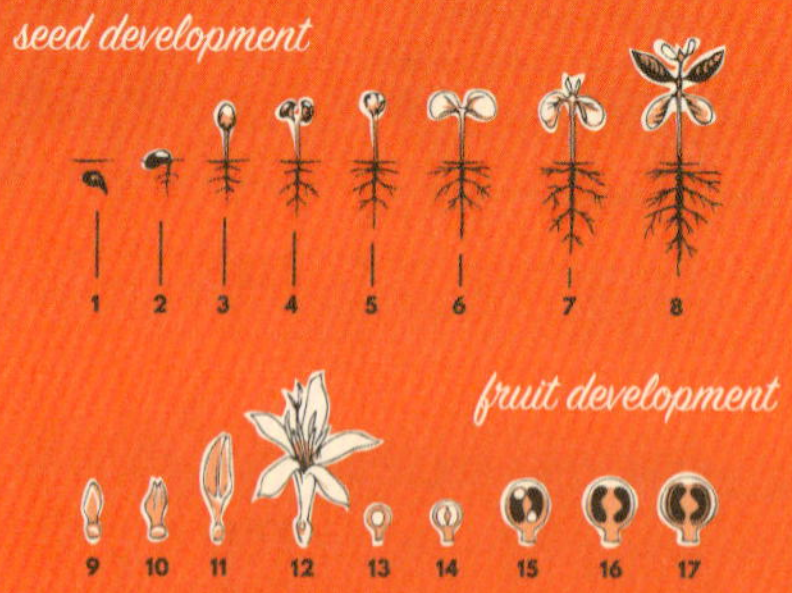

1 seed with radicle
2 growing seedling
3 seedling at "soldier" stage with parchment intact
4 seedling with hypocotyl
5 seedling after parchment is shed
6 cotyledon leaves, or "butterfly" stage
7 growing seedling
8 coffee plantlet with epicotyl and primary leaves
9 serial bud
10 dormant flower bud
11 final dormant stage
12 full blossom
13 fecundation after blossom
14 pinhead stage
15 endosperm expansion
16 endosperm forcing back the integument towards outer skin
17 mature fruit with fully grown seed and pulp

bica

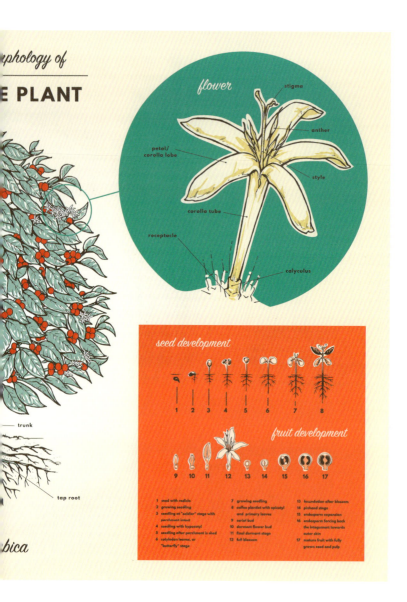

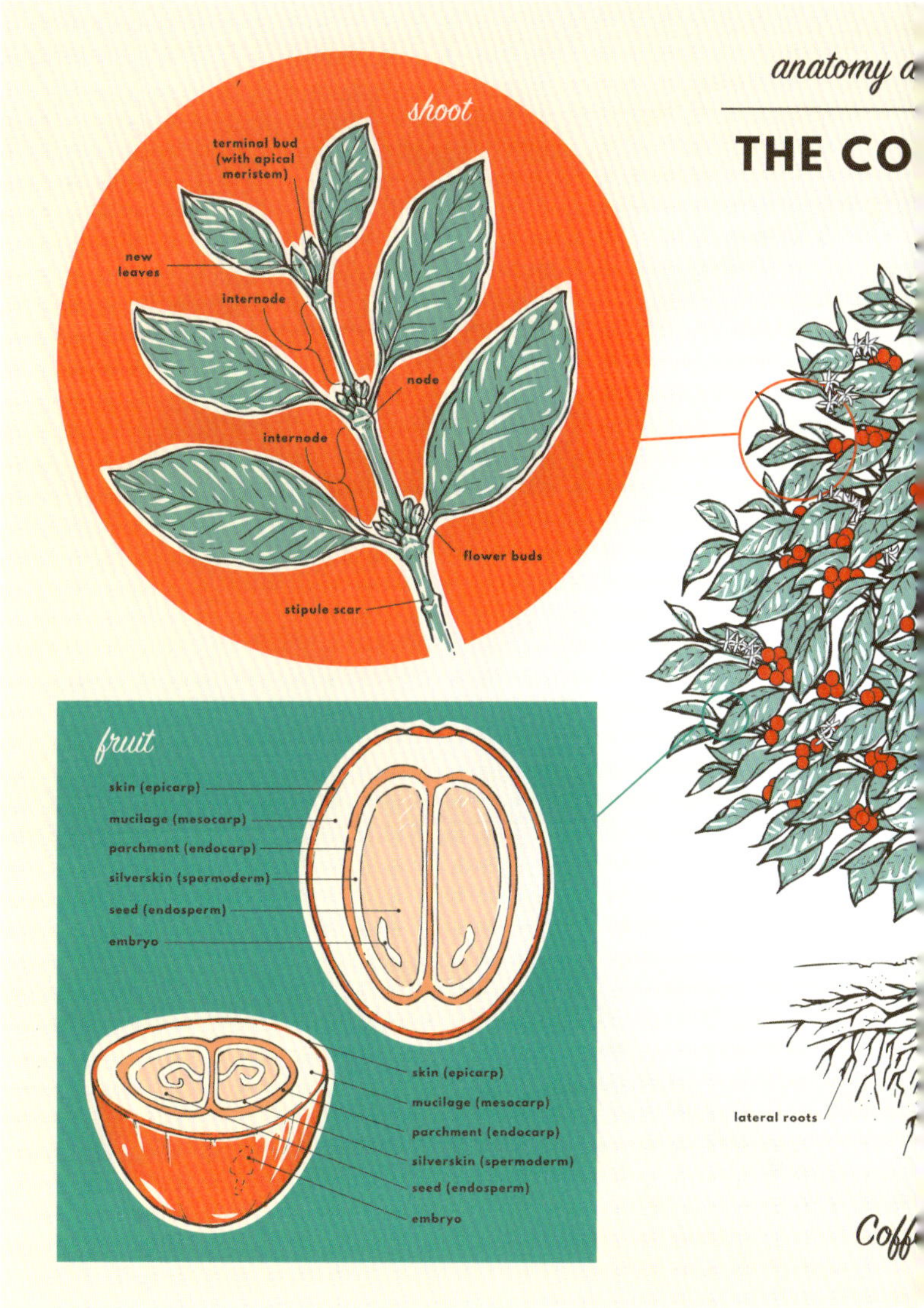

コーヒーノキのつくりと部位

第1章 ◉ 種子から飲み物へ

コーヒーは毎日の飲み物である。まずは朝の一杯という人もいれば、午前中の息抜きに、あるいは午後に、そして夕食の消化を助ける飲み物として摂る人もいるだろう。コーヒー好きの人ならたいていは、飲んでみておいしいかまずいかくらいはすぐにわかるものだが、そのコーヒーがどのような生産・流通過程を経ているのかを理解している人はあまりいないものだ。本章では、コーヒーが一粒の種から一杯の飲み物となるまでの旅を追う。そしてその旅のどこで、なにによってコーヒー豆がコモディティコーヒーとスペシャルティコーヒーとに分かれるのかを見ていこう。

◉コモディティコーヒーかスペシャルティコーヒーか?

消費者に自分が飲むコーヒーを評価するための知識があまりないのは、コーヒー産業が均一化したコーヒーを作り出し、コーヒー豆がもつ複雑さや多様性をわかりづらくしていることに大きな理由がある。あるとき、ある場所で収穫されたコーヒー豆はまったく別の時期に摘まれた豆と混ぜられ、また、異なる性質をもつ農園の豆と一緒にされる。異なる地域で収穫された豆はひとつの袋に入れられて輸出され、生豆《なままめ》［「きまめ」とも言う。焙煎する前のコーヒー豆］はほとんどだれにも見られることなく取引所で売買される。その後、コーヒー豆は焙煎され、他国産の豆とブレンドされて、「リッチ」、「メロウ」、あるいは「ロースターズ・チョイス（焙煎人のお勧め）」といった一般的な性質を表すブランド・ラベルを貼られて販売されるのだ。

こうした戦略は、ある生産地のコーヒーを別の生産地のもので代替することも可能とする。旱魃《かんばつ》や霜や病害といった自然災害や戦争などの人災によって、一地域でコーヒー豆の生産が何年も停滞することがある。このためコーヒー農園や輸出業者、売買を仲介するブローカー、焙煎業者は、豆を混ぜて均質化するという戦略を用いて危機管理を行なう。そして少なくとも世界のコーヒー生産量の90パーセントが、こうしたコモディティコーヒーに分類されるのである。

これ以外の5～10パーセントが「スペシャルティコーヒー」だ。スペシャルティコーヒーとは、特徴のあるフレーバー（風味）をそなえ、生産地の地理的特徴を確認できる高品質のコーヒーのことをいう。ワイン同様、コーヒーのフレーバーには、栽培品種、生産地の微気候《びきこう》［「テロワール」「土壌、気候、地勢など耕作地にかんする環境要因」］、栽培時期のおもな気候状況、それに収穫、精製、貯蔵、輸送の各過程が影響する。ワインのフレーバーに影響を与える要因は３００ほどあるとされるが、コーヒーでは１０００をゆうに超えると言われる。そしてこの「スペシャルティ」に分類さ

アラビカ種のコーヒーノキ。これはインドのもので、若い側枝に花と実が並んでいる。

れるコーヒーは、この30年あまりで飛躍的に増加している。

コーヒー農園は3つのタイプに分類できる。まず、ブラジルの広大な土地にある巨大なアグリビジネス［農業関連企業］。こうした農園は数としては世界の全コーヒー農園の1パーセントにも満たないが、世界のコーヒー供給量の10パーセントほどを生産している。次に、中米およびコロンビアによく見られる家族経営の農園。やはり数は5パーセント程度の割合だが、生産量は30パーセントを占め、スペシャルティコーヒーはこのタイプの農園で作られることが多い。そして面積5ヘクタール未満の小規模農園が全コーヒー農園の95パーセントにのぼり、世界のコーヒーの60パーセントを生産している。こうした農園のコーヒーの大半は、零細農家が換金作物として栽培しているものだ。[1]

◉アラビカ種

コーヒーはアフリカからの贈り物であり、そこにはコーヒーノキ（属名 Coffea）が130種以上確認されている。

アラビカ種のコーヒーであるアラビカコーヒーノキ（学名 *Coffea arabica*）は現在のエチオピア南西部の高地やケニアと南スーダンの国境地域で育ち、こうした地域では今も自生している。今日、アラビカ種は熱帯地方で商業栽培されている。この種は気温が氷点下になると死滅するため、熱帯地方以外では栽培できない。アラビカ種は、人間が消費するために栽培された初めての——そして20世紀に入るまでは唯一の——コーヒーノキだった。現在、世界のコーヒー豆生産量の3分の2を占めるのがこの種だ。

アラビカコーヒーノキは多年生の常緑の植物だ。栽培するときは丈を低く抑えるが、野生種は半日陰の森林では樹高が9～12メートルほどになる。よくコーヒーの「木」と言われるが、樹木には分類されない。この植物は自家受粉《じかじゅふん》［花粉が同じ花のめしべについて授粉すること］して小さくて白くかぐわしい花をつけ、花の数や大きさは天候に大きく左右される。開花には降雨が必要だが、よく結実するには乾燥した天候が望ましい。雨季と乾季がはっきり分かれる地域ではいっせいに開花し、降雨量が多い地域では数回に分けて開花する。なお、花と実は同時につく。花の根元部分に核果《かくか》（果実）ができ、これがコーヒーチェリーと呼ばれるものだ。開花後30～35週で実が熟し、果《か》皮《ひ》の色が緑から深紅（品種によっては黄色）へと変化すれば収穫の時期だ。

コーヒーチェリーのなかには、一般に、形が扁平な種子が2個向かい合って入っており、この種子が——正しい表現ではないが——コーヒー「豆」と呼ばれる。種子はそれぞれパーチメント（内《ない》果皮《かひ》）で覆われ、それを甘くてやわらかくピンク色の果肉が守り、さらに外果皮《がいかひ》が果肉を保護する。

コーヒーの実が熟す段階。実が深紅になってから摘み取るが、右端のものは熟れすぎて廃棄する実。

エチオピアの森林のコーヒーノキ。こうした、森林の木陰にある半野生のアラビカ種のコーヒーノキは、小自作農が栽培している場合が多い。何世紀ものあいだに野生で異なる亜種間の交雑から誕生したコーヒー豆は、「エアルームコーヒー」と呼ばれる。

ロブスタ種のコーヒーチェリー。これはインドネシアのもの。アラビカ種よりも小さくて丸く、びっしりと密に実る。

時折、コーヒーチェリーのなかに丸い種子が1個だけできることがあり、これを「ピーベリー」と呼ぶ。ピーベリーをほかの種子とは区別して高価格なプレミアムコーヒーとして販売する生産者もいる。味の質が際立ち、その形状が焙煎しやすいという。だが、ひとつのコーヒーチェリーから2個とれるコーヒー豆よりもピーベリーのほうが小さくなるため、これを価格で補っているだけではないかと疑問視する声もある。

◉ロブスタ種

1870年以降の30年で、コーヒーの世界は大きく変わった。さび病の大流行によってアジアにおける生産が壊滅状態になったのだ。そうした状況のなか、コーヒー栽培者たちはアラビカ種に代わるコーヒーを探しはじめ、とくにその動きが大きかったのがオランダ領東インドだった。栽培者たちがまず試したのはリベリカコーヒーノキ（学名 *Coffea liberica*）だったが、この種もさび病には弱かった。次に試したのがロブスタコーヒーノキ（学名 *Coffea canephora*）といわれるカネフォラ種だ。これはコンゴからベルギーを経由してもち込まれたものだった。

ロブスタ種はさび病に強いだけでなく、アラビカ種よりも高温多湿に順応し、低地でも栽培可能だった。この木は傘のような形をし、小ぶりだがコーヒーチェリーが房のようにびっしりと実り収穫しやすい。栽培が容易であるため、コーヒー栽培に新規参入する際にはこの種を採用することが多く、新しいところではベトナムがロブスタ種でコーヒー生産をはじめた。現在、ロブスタ種は世界のコーヒー豆生産量の35～40パーセントを占める。

ロブスタ種には大きな欠点がひとつある。アラビカ種よりもコーヒー豆の品質が劣るのだ。一般に、ロブスタ種のコーヒーの味は「ゴムを焦がしたような」と評される。このためロブスタ種はほぼブレンドコーヒー用であり、インスタントコーヒー（ソリュブルコーヒー）に使われることも多い。ロブスタ種のスペシャルティコーヒー（とくにインド産のもの）が市販されている場合もあるが、通常は、耕作や精製工程に非常に手をかけなければならない。またロブスタ種は、カフェイン含有量がアラビカ種の2倍ある。

●品種

コーヒーの歴史においては、アラビカ種のふたつの品種のみが栽培された時代が長かった。野生のエチオピア産コーヒーにもっとも近い栽培品種はティピカという名だ。もうひとつのブルボンは、フランスが初めてコーヒーノキを植えた植民地で生まれた自然変異種だ。ブルボンは収量が多く果物のフレーバーがするのに対し、ティピカは花のようなフレーバーをもつ。

ブラジルのコーヒー研究者が開発したのが矮性《わいせい》［その種の標準的な大きさよりもかなり小形のまま成熟する性質］のカトゥーラとカトゥアイで、これらは第二次世界大戦後に人気となった品種だ。収量が多く栽培も容易だからだ。さらにカトゥーラを、アラビカ種とロブスタ種の自然交雑種であるティモールと交雑させ、カティモールが生まれた。カティモールも収量が多い矮性の品種で、病害に強く低地でも栽培可能だった。これらの品種はコモディティコーヒーを作る農園では人気があったものの、コーヒーの味やフレーバーについては、コーヒー愛飲家の評価は高くはなかった。

しかし21世紀に入り、スペシャルティコーヒーの世界はさまざまな品種に大きな興味を示している。とくに注目を集めるのがエチオピア産の野生種であるゲイシャ（またはゲシャ）だ。この品種は1950年代に中米に入ってきたものの、収量が少ないためほとんど栽培されなかった。しかし2004年に、パナマのボケテ地区にあるラ・エスメラルダ農園の新しい所有者となったピーターソン家は、これを自身の農園にしかない独自のフレーバーをもつコーヒー豆だと考えた。ピーターソン家がこの豆を焙煎してアメリカ・スペシャルティコーヒー協会のロースターズギルドの品評会に出品すると、3年連続して1位に輝いた。2007年には、1ロット［1回に生産処理されるコーヒーの単位。生産者、業者の管理目的のもの］のゲイシャがコモディティコーヒーの100倍超の価格で販売された。

紅茶のような味わいに複雑なアロマと花のようなフレーバーをもつゲイシャは、当然ながら現在では多数の農園で栽培されており、さらには、パカマラやイエローブルボンといった品種も人気が出ている。2018年にはパナマ産ナチュラル［コーヒー豆の精製工程のひとつ。乾式ともいう］のゲイシャが、オークションで1ポンド（約450グラム）あたり803ドルという史上最高落札価格の記録を打ち立てた。ちなみにこのとき、コモディティコーヒーの価格は1ポンドあたり1・11ドルだった。[2]

●テロワール

コーヒー豆が栽培される土地のテロワール（微気候）は、そのフレーバーの特徴に大きな影響を与える。ただしあるひとつの要因だけを、そこで栽培されたコーヒーがもつ性質に直接結びつけるのは危険である。さまざまな要因のなかからひとつだけを取り上げるのは困難だからである。

もっとも重要な要素は気温と標高だ。アラビカ種は気温が32℃超になると生産できないため、これを避けるのに標高を考慮することが不可欠だ。赤道から緯度10度以内の赤道帯では標高900メートル以上が栽培に適する条件であり、亜熱帯になるともっとずっと低くても可能だ。たとえばイルガチェフェ地方産のものなど、エチオピア産のなかでも最高品質のコーヒーは標高1800メートル付近で栽培されており、一方ハワイで有名なコナコーヒーの栽培地帯は海抜200メートル付近からはじまっている。

コーヒー栽培に最適なのは有機物が多く含まれる火山灰土の高地であり、ここエルサルバドルもそうした条件が揃う。

同じ栽培地域内では、コーヒーが栽培される土地の標高が高いほど、コーヒー豆の品質が良い。高地で栽培されたコーヒーはぎゅっと濃縮されたフレーバーをもち、おそらくこれは朝晩の気温の差が大きいために生まれたものだ。低地で栽培されたコーヒー豆は口当たりがソフトでコクが少なく、また生育が非常に速い。エルサルバドルではコーヒー豆を栽培地の標高で格付けしており、最上位のグレードである「ストリクトリー・ハイ・グロウン」（非常に高地での栽培）のコーヒー豆は1200メートル以上の標高で栽培されている。

気温はコーヒー豆の味や香りの性質に大きな影響を与える。低温は酸味や果物のフレーバーといったプラスの性質に関係しており、一方で高温はアロマの質を低下させ、不快な臭いを増すことがある。アラビカ種の主要産地での調査により、スペシャルティコーヒー生産に理想的な環境は、年間の気温差があまり大きくなく、最低気温が13℃、最高気温が25℃程度の範囲であると考えられる。しかしこうした環境が整うのは、アラビカ種の栽培が行なわれる土地の4分の1ほどでしかない。[3]

コーヒーはさまざまなタイプの土壌で栽培が可能ではあるが、通気性と水はけがよく、有機物を多く含むことが条件だ。火山灰土はとくに適しており、この性質が大きな酸味を生むのだという説もある。年間降水量は1250ミリあればさまざまな気候帯で栽培可能だ。降水量は年間を通して均一でもよいし、雨季のまとまった降水でもよい。灌漑システムによって人工的に確保したものでも可能だ。

野生のコーヒーは半日陰の環境でも育つ。コーヒーノキは日照量が少なくても十分に生育する植物だ。味におよぼす日陰の影響については諸説ある。コスタリカでの調査からは、日陰で育つことによってほどよい酸味が生まれ、苦味が減少し、渋味が低下するのではないかと考えられるが、コロンビアにおける調査では反対の結果が出ており、一方ハワイでは、同種のコーヒーで、シェード(日陰)栽培と太陽を浴びて栽培されたものに味の違いは見られなかった。[4]

●栽培

コーヒー農家は種子をまずは苗床《なえどこ》や育苗用のポットにまき、半年から9か月ほど育ててから畑に移植する。通常は移植後3〜4年で実をつけはじめ、5年目から商業生産が可能になる。主幹はまっすぐ上に伸び、横に枝を広げる。実は、新しい枝の先端の節に房状につく。コーヒー農園では、実

ブラジルの大規模コーヒー農園の苗床

を摘みやすいように、剪定して樹高を2〜3メートル程度に抑えることが多い。

コーヒーノキが健康であるかぎり、植物としての本来の寿命に限界はない。しかし（栄養や水不足など）ストレス要因がある場合は、コーヒーノキは自身の養分を使ってその年の実をつけるため、葉は黄色くなり、枝は回復が不可能なまでに枯れてしまう。

日陰は気温と土壌の温度が上昇しすぎるのを抑え、コーヒーノキが養分を多く必要とせずに済むため、コーヒーノキにかかるストレスを軽減する役割をもつ。自然の日陰がない場合には周囲に木々を植えることも可能で、これが風よけになる。また土壌の流出を防いで、コーヒーノキが植えられている山の斜面を安定させる。農家が日の当たる側に丈の高い自給作物を植えてコーヒーノキのために日陰を作る場合も多い。

しかし高収量を求めるコーヒー栽培者はコーヒーノキを密集させて植えることが多く、この場合はコーヒーノキを生垣のように列状に植え、互いの日よけとする。このような密植栽培ではコーヒーノキ1本あたりの収量は減るが、栽培面積全体の収量は大きく増加する。機械を導入したブラジルの商業用のコーヒーの大プランテーションによく見られる栽培方法である。機械化された農園の「日向《ひなた》栽培」のコーヒーには、大量の肥料を与え頻繁に除草を行なうことが必要で、また病害も受けやすい。これには、昆虫を捕食する鳥の減少がその原因にあるとも言われている。

コーヒーさび病菌（学名 *Hemileia vastatrix*）が引き起こすさび病は、蔓延するとコーヒーノキに甚大な損害をおよぼす。この病気にかかるとコーヒーノキの葉にオレンジ色や黄色の斑点が現れ、葉が落ちる。落葉することで枝が枯れ、最終的には木自体が朽ちてしまう。２０１１年の中米での大流行では5年間で7割もの農園が被害を受け、１７０万人のコーヒー農園労働者が職を失った。[5] 虫害でもっとも深刻な被害をもたらすのはコーヒーノミキクイムシによるものだ。コーヒーノミキクイムシは小さな黒い甲虫《こうちゅう》で、コーヒーチェリーのなかに卵を産み、孵化した幼虫はコーヒー豆を食べて外に出てくる。この虫害があっという間に広がって、豆の半分がやられていたことが収穫後にわかるということもある。

●収穫

「テロワール」と品種は、コーヒーがもつフレーバーの性質を決める大きな要因ではあるが、生産されるロットの品質の良し悪しは、収穫方法と精製工程によるところが大きい。

コーヒーチェリーを選別しながら手で摘んでいる。写真のコーヒーノキはアラビカ種のなかでもティピカという品種。ハワイ。

コーヒーチェリーはコーヒーノキから一粒ずつ摘んで——あるいは一気にしごき落として——収穫する。高品質という評価を得るためには、出荷するコーヒー豆を常に完熟したものばかりで揃えなければならない。このため摘み手は熟れたコーヒーチェリーだけを選びながら手で摘み、まだ熟れていないものは枝に残して完熟させる。このように、コーヒーチェリーを選別しながら摘むには手間とコストがかかる。小規模生産者は収穫時に互いに助け合うことが必要となるが、一方で大規模農園は季節労働者を集め、それに見合う報酬を支払って一定の品質を保つ収穫を行なわせる。

これに対して（手で摘むのではなく）一気にコーヒー豆をしごき落とす方法では、選別せずに枝からコーヒーチェリーをすべて落としてしまう。片手で枝をつかみ、もう一方の手で枝先に向かってしごくのだ。コーヒーチェリー（とその他の枝や葉などの異物）は地面や敷いておいた網の上に落とし、それらをあとで選別して精製する。一般にコモディティコーヒー市場向けの生産者は、雨季（つまり開花期）の予測がつけやすいことを利用して、コーヒーチェリーの75パーセント程度が熟すタイミングでこのように収穫を行なう。

平地のプランテーションではこのしごき落とす工程は機械化されている。収穫用機械がコーヒーノキの列に沿って移動しながら、コーヒーチェリーを地面に落としていくのである。ブラジルのひとつのプランテーションで5人の労働者が3日間機械を稼働させた場合の収穫量は、グアテマラの山岳地方で1000人の労働者が1日かけて収穫した量に匹敵するといわれている。[6]

●ナチュラルプロセス（乾式）

精製工程ではまず、コーヒーチェリーのなかのコーヒー豆を守る層を除去する。最初に「ナチュラルプロセス（乾式《かんしき》）」または「水洗式（湿式《しっしき》／ウェットプロセス）」の工程で核果の周囲の果肉と外果皮《がいかひ》を取り除き、それから脱穀して、コーヒー豆を覆っていたパーチメントの残りを除去するのである。

コーヒーチェリーを乾燥場（パティオ）のコンクリートの床に広げて天日干しにし、定期的にひっくり返して乾燥させたあと、外果皮と果肉を取るのが「ナチュラルプロセス」の精製工程だ。コンクリートの床の上に熊手を使ってコーヒーチェリーを高さ約5センチの列にならし、列と列のあいだは空けておく。そして定期的にコーヒーチェリーを空いたコンクリートの床部分に移動させ、そ

コーヒーチェリーの内部。それぞれの種子をムシラージ（粘質物）が覆い、やわらかなピンク色の果肉がこれを守り、その上に外果皮がある。

ナチュラスプロセスの第1段階。ブラジルの乾燥場（パティオ）でコーヒーチェリーを乾燥させている。

外果皮を取る前に自然乾燥させたコーヒーチェリー。ブラジル。

れまでコーヒーチェリーを乾かしていた床を空ける。このプロセスに2週間ほどかけてから、コーヒーチェリーの外果皮を取る工程に進むのだ。

ナチュラルプロセスは水が豊富でない地域にとくに適した精製工程だ。最初にこの技術を用いたイエメンでは、栽培地である山岳地帯の村々に、家の屋根にコーヒーチェリーを広げて干す景色が今も広がる。この方式ではコーヒーのコクと果物のようなフレーバーが強くなり、また後味に「野性味」が生じる。このプロセスがうまくいくと複雑なフレーバーをもつコーヒーとなるが、失敗すると農場臭のようなフレーバーになることもある。

ナチュラルプロセスの大きな利点は安上がりな点だ。だからコモディティコーヒーの大半はこの精製工程を施している。ブラジル産「ナチュラル」アラビカ種や、世界各地のロブスタ種のほとんどもそうだ。ただしコーヒーチェリーの品質保持の観点からは、この工程では品質を一定に保つのがむずかしい。収穫したコーヒーチェリー

水槽の水面に浮いた未熟や熟れすぎのコーヒーチェリー。水洗式の精製工程の準備段階。ハワイ。

は通常は精製工程の前に人の手で選別を行なうだけであり、このため傷んだコーヒーチェリーが混じってほかの実に害をおよぼす危険が増すのだ。またこの方式ではコーヒーチェリーがさまざまな気温下に置かれることになり一定の条件を維持しづらい。酸酵してカビが生える危険もある。

◉水洗式（湿式）

水洗式の精製工程を経たコーヒーはなめらかで安定した味で、酸味をもつ場合が多い。この方式ではまずコーヒーチェリーを貯水槽に入れる。すると熟してずっしりとした実は槽の底に沈むが、熟れすぎたり熟していない実、それに枝や葉などの異物は水に浮く。こうした「浮遊物」を除去し、水を吸った実を果肉除去機（パルパー）に移す。パルパーでは、実を圧迫するか、突起のついた金属面に押し付けて、外果皮と果肉をコーヒー豆からはぎ取る。まだ熟れ

水洗式の精製工程で、網を張ってテーブル状にした、いわゆる「アフリカンテーブル」でコーヒーチェリーを乾燥させている。エチオピア。

ていない実は固くて果肉を除去できないため、この段階で取り除かれる。

このあとコーヒー豆をきれいな水を入れた水槽に12時間から14時間浸けて、水中微生物が行なう醱酵を利用して、コーヒー豆についたままのムシラージ（粘質物）を分解させる。豆を少量すくって処理工程の進行具合を頻繁に確認しながら、ムシラージがなくなったら豆を水槽から出す。

水洗式の処理工程は大量の水を使用するので、近年では、果肉とムシラージを両方除去可能なパルパーや、ムシラージ除去機も開発されて水の使用量は抑えられている。ムシラージ除去機はコーヒー豆をこすり合わせてムシラージを取り除くもので、醱酵の工程が不要となる。

ムシラージを除去したらコーヒー豆を水で洗い、水分量が約11パーセントになるまで乾燥させる。この工程は乾燥場やテーブル上で行なわれ、ときには透明なプラスチック製トンネルのなかに置かれることもある。これはコーヒー豆を守り、さらに温室効果を利用したものだ。気候によっては機械でコーヒー豆を乾燥させる。

●パルプトナチュラルとハニープロセス

パルプトナチュラル（半水洗式）の精製工程は１９８０年代にブラジルで開発された。この方式では、パルパーにかけたあとの、ムシラージがついたままのコーヒー豆がそのまま乾燥場に送られる。この処理法でできたコーヒーの性質はすばらしく、ナチュラルプロセスで得られるコクと水洗式で生じる酸味の両方をもつ。中米の生産者はこの精製工程を取り入れ、さらに手をくわえて「ハニープロセス」と呼ばれる方式を編み出した［パルプトナチュラルとハニープロセスは実際には同じ精製工程。ハニープロセスはミツバチを使用しているわけではない］。あえて湿度の高い環境で時間をかけて乾燥させ、コーヒーがもつアロマの質を高めるのだ。こうしたコーヒーは、豆に残ったムシラージの量によってイエロー、レッド、ブラックに分類され、ブラックはムシラージがすべて残り、乾燥に30日要するものをいう。

●動物による精製工程

コピ・ルアクとして知られるインドネシア産コーヒーは、ジャコウネコが精製工程を受けもつ。ジャコウネコが地面に落ちたコーヒーチェリーを食べ、消化しないままのコーヒー豆を排泄するのだが、

市場でコピ・ルアクを売る店の前に陣取るジャコウネコ。バリ島。

これによって果肉除去の工程が効率よく行なわれるのだ。この排泄されたコーヒー豆を集めて洗い、その後は通常と同じ精製工程を経て仕上げる。ジャコウネコの消化器官がもつ消化酵素がおそらくは独特のフレーバーを与え、このコーヒーは1ポンド（約450グラム）あたり100ドルもの高値で取り引きされ、ニューヨークでは1杯のコピ・ルアクが30ドルもする。当然ながら、現在ではインドネシア以外でも同様の精製工程を行なえる動物を見つけ出しており、ベトナムはイタチ、タイは象、ブラジルにはジャクーという鳥が排泄したコーヒー豆がある。

残念ながら、コピ・ルアク人気は、ジャコウネコを多数捕獲してカゴに入れ、無理やりコーヒー豆を食べさせるという事態まで引き起こした。天然もののコピ・ルアクの認証制度がありはするが、販売されているコピ・ルアクの多くが天然ものだと偽装しており、化学処理が行なわれているものまである。

パーチメントを残して乾燥させたコーヒーチェリー。脱穀の前にこの状態で休ませる。

動物が精製工程を受けもったコーヒーとは、要は、動物が排泄するものが人の口に入るということであり、また生産者は安いコーヒーチェリーを使用してコストを削減することも可能だ。通常、コピ・ルアクとされるコーヒーは酸味がやわらかで苦味が少ないが、これは、コーヒーの品質をさらに高めるというよりも、低品質のコーヒーをごまかす性質だ。

◉レスティング

コーヒー豆を精製して乾燥させたら、パーチメントをつけたまま「レスティング」を行なって休ませ、ミリング（脱穀）する前に1か月から2か月間、雨風を避けて保管するのが望ましい。これによって熟成し、精製したてのコーヒー豆がもつ草っぽい味が消える。

インド南西部のマラバール地方では、レスティング中のコーヒー豆を開けっ放しの倉庫に置いてモンスーン［インド洋、南アジア、東南アジアで吹く季節風］が

稼働中の選別機。傾斜した選別テーブルが振動してコーヒー豆を動かし、密度とサイズで選別する。

もたらす風と湿気にさらす。この結果、豆の水分量が13~14パーセントに上昇することで豆の色が黄金色に変わり、また豆が膨張する。この工程は19世紀の長い航海がコーヒーにおよぼした効果をまねたものであり、酸味が少ないまろやかなコーヒーをもたらしてくれる。

◉ミリング（脱穀）

レスティングのあと、残っていたパーチメントを脱穀機で除去し、その後コーヒー豆は、傾斜した選別テーブルを使って大きさで選別し、グレードを決める。豆はスクリーンというふるいにかけて大きさを分類する。このスクリーンの目は64分の1インチきざみ——通常は64分の10~64分の20まで——となっており、たとえばケニアのAAランクはスクリーン18だ。脱穀の際には「欠点豆《けってんまめ》」も除去する。人の手や色彩選別機で、未熟なもの、欠けたもの、虫害を受けた豆を除去するのである。

脱穀が完了した生豆は、ジュート製の麻袋《あさぶくろ》［「またい」とも読む］に詰める。この袋が日光や雨から豆を守り、さらに通気性を保って白カビが生えるのを防ぐ。とはいえ通気性がある点は劣化を早める可能性があり、また麻袋に施された石油系のコーティングによって、豆にいわゆる「バギー（袋のような）」臭がつくこともある。近年では、スペシャルティコーヒーの生産者は、生豆を入れるのにポリエチレン製の大袋を利用するのが主流となってきている。この袋で空気や湿気をシャットアウトしてから麻袋に詰めるのである。麻袋の標準的なサイズは60キログラム入りだ。取引量には多くの場合、コーヒー豆の重量ではなく麻袋の数量が用いられる。

●格付け

農民の手を離れたコーヒー豆は、麻袋が積み出し港に到着するまでにいくつかの業者の手を経る。コーヒー豆の水洗場や脱穀工場を運営するためにはある程度の設備投資や、小規模農家だけではおいつかない生産量を必要とする。生産地によっては、サプライチェーン［産物や製品が生産され消費者に届くまでのプロセス全体］のほぼすべてが特定の事業者に支配されており、栽培者は、農園と契約しているブローカーに直接コーヒー豆を売る。あるいは、農民が協同組合を作って水洗場を運営し、豆をまとめて脱穀工場に売るという形態をとっている地域もある。コーヒー豆生産国において、精製したコーヒー豆を最後に扱うのが輸出業者であり、海外市場へ輸送するための手続きと梱包を

ロンドン国際金融先物取引所（LIFFE）でロブスタ種の先物取引を行なうブローカー。1980年代のロンドン。

行なう。

サプライチェーンの各段階で、コーヒー豆の個々のロットは、生産国が用いる格付けに応じてまとめられる。たとえばブラジルは、おもにサンプル内の欠点豆の数によってコーヒー豆を7つのグレードに分類する。欠点豆には、熟しすぎたもの、欠けたり病害を受けたりした豆、また小石や殻、小枝などの異物も含まれる。こうした各生産国の格付けが世界のコーヒー豆の市価を左右することもあり、また格付けという保証があることで、商品として認められ売買されるのである。

◉国際取引

コーヒー豆の国際的な取り引きは、おもにふたつの先物取引市場で行なわれる。アラビカ種を扱うニューヨーク商品取引所（ICE）と、ロブスタ種のロンドン国際金融先物取引所（LIFFE）

だ。どちらの取引所においても取引条件は標準化されており、決められた期日にメインストリームコーヒー（コモディティコーヒー）の受け渡しを行なう約定《やくじょう》［取り引きの成立］が交わされる。ニューヨークでは「C約定」と呼ばれる規定に沿って先物取引が行なわれる。これは、サンプル350グラム内の欠点豆が9〜23というグレードの水洗式マイルドアラビカ17トンを受け渡す契約のことだ。欠点豆が少ないロットには割増金（プレミアム）がつくが、標準以下のものは割り引かれる（ディスカウント）。C約定で取り引きを行なう生産国は20か国におよび、たとえばコロンビア産生豆は自動的にプレミアムがつく一方で、ドミニカ共和国などの国々の生豆はディスカウントされる。1年で限月《げんげつ》（先物取引の受け渡し期限）は5つある。

コーヒー豆の売買を行なう産業にとっては、こうした先物取引は大きな意味をもつ。ブローカー間で合意されたコーヒー豆先物契約がすべて記録され、そこからコーヒー豆の実際の取り引きにおける指標価格が導き出されるからだ。ごく一部ではあるがこうした契約で、取引所の規則や契約条件によって、コーヒー豆の現物受け渡しが行なわれることもある［商品先物取引は、農産物などの商品を一定の期日に一定の価格で売買することを約束する取り引きだが、現物（この場合はコーヒー豆）の受け渡しをせずに、売買価格の差額の授受《じゅじゅ》で決済することが可能であり、投機目的で行なわれる場合が多い］。一方、先渡取引《さきわたしとりひき》［先物取引と同じく将来の売買を約束して行なう取り引きだが、取引所ではなく売買の当事者が行ない、「現物の受け渡し」を約束するもの］では大量のコーヒー豆現物が取り引きされ、先物市場の価格を基準に、特定のグレードのコーヒー豆の決定価格が算定される。だから、たとえば

12月のニューヨーク先物価格＋10（12月受け渡しのC約定価格＋10ポイント）の価格で受け渡しを行なう契約の、10月出荷の y 国産 x グレードのコーヒー豆に入札が行なわれて価格差が出るという場合もある。

こうした場合は決定価格があっても不確かなものとなるが、このリスクは取引所の先物またはオプション市場を利用してヘッジ（リスク回避）することが可能だ（オプションとは、ある商品をあらかじめ決めた期日に、あらかじめ取り決めた価格で取り引きできる「権利」のこと。この権利を売買するのが「オプション取引」だ）。ニューヨークではオプション市場の取り引きが1986年にはじまった。これが多くの投機家を市場に呼び込み、2015年時点で契約量は世界のアラビカ豆生産量の27倍にもなっている。[7] コーヒー生豆の現物量を大きく上まわる取り引きが行なわれている点は、コーヒー取引業者にとってはプラスの要素だ。市場の流動性が向上して、ブローカーは、保有する生豆の売買がリスクにさらされるのを防ぐことが容易になる。価格変動のリスクを自分たちではなく投機家に負わせられるからだ。しかし一方で、増加する投機によって価格変動の幅が大きくなり、これがめぐりめぐってコーヒー豆栽培者や小規模焙煎業者といった先物市場にはかかわりのない人々にも影響を与えるのである。

◉輸送

ブローカーは、輸出港や輸入港の現物市場で生豆を購入することでコーヒー豆を手に入れ、動かすことができるようになる。コモディティコーヒー市場は少数の大手ブローカーのネットワークに支配されている。最大の業者がドイツのハンブルクを拠点とするノイマン・コーヒー・グループであり、世界のコーヒー需要の10パーセントほどを扱う。ブローカーは、倉庫での保管、輸送、焙煎業者への配送など、コーヒー豆に関する物流を手掛ける。コーヒー豆はコンテナで輸送され、コンテナ1個で約275個の麻袋を運ぶ。ひとつの焙煎業者に配送する荷はすべてひとつのコンテナに収められる。輸送時に温度調節ができるコンテナもあり、配送先に到着したコーヒー豆は、保管用のサイロに投入される。

アメリカにおける主要な受け入れ港はニューヨークとニューオリンズだ（2005年にハリケーン・カトリナで被害を受けニューオリンズ港が閉鎖されると、短期ではあったが、コーヒー不足になるのではないかとアメリカ国内は大騒ぎになった）。ヨーロッパでは、コーヒー豆取り引きの中心地はベルギーのアントワープであり、この地の倉庫にはヨーロッパ大陸に到着するコーヒー豆の半分近くが保管される。

◉デカフェネーション（脱カフェイン）

コーヒー生豆の受け入れ港周辺地域には、カフェイン抜きのコーヒー豆を生産する工場がある場合が多い。コーヒー豆からカフェインを抽出するため、工場では生豆を蒸し、その後熱湯に浸して豆を膨張させる。この作業を経て、豆からカフェインを抽出するジクロロメタンや酢酸エチル溶媒《ようばい》

カフェイン含有の生豆とカフェインを除去した生豆（右）のサンプル

を使用する。その後溶媒は抜いて、抽出したカフェインは売り、豆は蒸して溶媒を落として乾燥させる。高圧下で、液体二酸化炭素または超臨界二酸化炭素「気体と液体が共存できる温度・圧力（臨界点）を超えた状態にある二酸化炭素で、物質をよく溶解する性質をもつためさまざまな分野で利用されている」を使用することもある。この方法はコストが高くつくが、カフェイン以外のコーヒー豆含有物があまり損なわれないという利点がある。このほか、スイスで開発された処理法は、溶媒として湯を使う。8時間程度湯に浸けたらコーヒー豆を取り出し、湯を微粒子フィルターに通してカフェインを除去する。この湯を捨てずにコーヒー豆に戻せば、湯に溶けだしたフレーバーを豆に吸わせることができる。この工程はロットをまとめた大きな単位で行ない、あるロットに使ったあとの、カフェインを除去しフレーバーを含む湯を、次のロットに使用する。

●焙煎

コーヒー焙煎・小売業は、ネスレ、ジェイコブズ・ダウ・エグバーツ、J・M・スマッカー（フォルジャーズの親会社）、クラフト・ハインツ（マクスウェル・ハウス）、チボーといった、食品を扱う大規模な多国籍複合企業が支配している。中規模焙煎業者はスーパーマーケットや食品販売チェーン店向けに独自のブランドを生産することが多く、またHORECA（ホテル、レストラン、ケータリング）にも商品を供給している。ニッチ（隙間）市場向け業者は、単一産地や単一農園のコーヒーを扱うなどスペシャルティコーヒーに特化している場合が多く、一方で零細業者は、おもに自分の店で売るか、地域の供給ネットワークで販売するだけの少量のコーヒー豆を焙煎する。

コーヒー豆の焙煎は、豆を均一に熱して、最終的に温度を200℃から250℃まで上げるのが原則だ。焙煎業者の大半はドラム式焙煎機（ロースター）を使用し、熱源の上にある金属製シリンダー内でコーヒー豆が焙煎される。こうした機械での1回の焙煎工程を1バッチといい、1回の焙煎には、仕上がりの状態に応じて8～20分かかる。大規模な商業焙煎業者は流動床（フルード・ベッド）式焙煎機を連続運転させることもあり、この焙煎機では高圧の熱風を2分間ほど豆に吹きつける。

このドラム式焙煎機で焙煎したばかりのコーヒー豆が、冷却トレーに排出されたところ。

焙煎すると、生豆の色はまず黄色に、その後明るい茶色に変わる。これは生豆が水分を失い、またでんぷん質がカラメル化して糖分に変わるためだ。豆が内部に生じた気体の圧力で割れるため、205℃前後で「1ハゼ［はぜる音］」が聞こえる。225℃前後になると「2ハゼ」が聞こえ、豆の細胞壁が壊れてつやつやとしたオイルが豆の表面に出てくる。そのまま焙煎を続けると、残った糖分が炭化してコーヒーは黒くなってしまう。

コーヒーのフレーバーを決定する大きな要因はふたつある。焙煎の程度と速度だ。職人肌の焙煎士は、機械が発する音やにおいを自分なりに解釈して機械を調節し、また取り出した豆と見本を見比べて判断する。焙煎機の多くは、注文に応じた特定の焙煎を行なえるようプログラム設定が可能だ。

浅煎りは、1ハゼから2ハゼまでのあるポイントまでゆっくりと焙煎するもので、スペシャルティコーヒーのほとんどに最適な焙煎だとされている。さらに焙煎を続けるとアロマやフレーバーや酸味が減少し、一方でコクや苦味は増す。糖分がカラメル化してその後苦味に変わりはじめるため、甘味は1ハゼから2ハゼまでのあいだにピークに達する。2ハゼを過ぎると、焙煎によって生じるフレーバーが豆本来のものにまさり、このため深煎りはロブスタ種など低品質のコーヒーに用いられることが多い。

焙煎が完了すると、コーヒー豆は、余熱で焙煎が進行しないようできるだけ急速に冷ます必要がある。ドラム式焙煎機の多くは焙煎した豆を孔《あな》あきのトレーに移し、そこで冷気を吹きつけながら豆をかきまわして冷却するようになっている。それ以外にも、豆に水を吹きかける、あるいは水に浸す方法もある。コーヒー豆が水分を吸収するため、コモディティコーヒーの焙煎業者が、コーヒーの重量（つまり価格）を増すための口実としてこの冷却法を行なうこともある。

●インスタントコーヒー

インスタントコーヒーまたはソリュブルコーヒーはフリーズドライやスプレードライという方法で生産される。フリーズドライでは、焙煎して挽いたコーヒー豆に熱湯を通してコーヒー液を作り、マイナス40℃で凍結させる。それを細かく砕いて粒状にし、真空状態で加熱して乾燥させる。すると粒の内部の凍結した水分（氷）は一気に水蒸気となり（昇華《しょうか》）、コーヒーだけが固体として残る。スプレードライはフリーズドライよりも旧式で安価な方法だ。コーヒー濃縮液を250℃に熱した密閉空間内で噴霧すると、水分が瞬間的に蒸発して粉末状のコーヒーができるというものだ。

●ブレンディング

　焙煎業者は、特徴のある味をもつ自分のブランドを作り、またコスト管理を行なうためにもブレンディングを行なう。コーヒー豆のブレンドは通常はアンウォッシュト（非水洗式）の精製工程を施したブラジル産アラビカ種（ナチュラルまたはサントスと呼ばれる）をベースにする。このコーヒーは中性的な味であるため、ブレンドの核にすえるのである。そしてベースとなるコーヒーに、より特徴的な性質をもつ、コロンビアや他のいわゆるマイルドと言われるコーヒーをくわえる。低価格で大量消費市場向けのブレンドはロブスタ種をベースにサントスをくわえ、さらにその他の産地のコーヒー豆で仕上げる。高品質のブレンドは通常、各ロットにそれぞれ最適の焙煎を施してからコーヒー豆を組み合わせるが、まずコーヒー豆を組み合わせてから焙煎するほうがよりコストを抑えられるため、大量消費市場向けコーヒー豆の場合は、すべての豆を一度に焙煎するやり方を用いる。

　手に入るコーヒー豆の内容がいくらか変わったとしても、焙煎とブレンドでブランドの味を一定に保つのが焙煎業者の腕の見せどころだ。焙煎とブレンドの工程では、あるコーヒー豆を別のもので代替する場合も多い。仕入れ状況に応じてコーヒー豆の種類を変更することができる、という先渡し契約を焙煎業者がブローカーと結んでいることもあるからだ。たとえば「ロブスタ種

46

の購入」という契約であっても、ウガンダ産スタンダードグレードとコートジボワール産グレード2のどちらか、という取り決めになっている場合がある。

◉カッピング

コーヒー豆を焙煎したあとに、栽培方法や精製工程によって生まれたフレーバーを評価する方法もある。焙煎士が焙煎後のコーヒーの品質と均一性を確認することを「カッピング」という。カッピングはブローカーから届くサンプルの評価にも用いられるし、バイヤーや生産国の生産者が行なう場合もある。比較カッピングでは、同量の生豆を同じサンプルロースター〔少量のサンプルを焙煎するための小型の焙煎機〕にかけて、同じ条件で焙煎が行なわれるようにする。以下がカッピングの手順だ。コーヒー豆を挽いて陶器製のカップに入れる。カッピングを行なう者（カッパー）は、まず乾いた状態のコーヒーの香りを確認する。その後湯を注ぎ、カッパーはその香りも確認する。4分おいたら、コーヒー表面に浮いた粉の層（クラスト）をスプーンで「割り」、鼻をできるだけ近づけて香りをかぐ。そしてスプーンでコーヒーをすくい、口のなかに強く吸い込んで舌の味蕾《みらい》にコーヒーを霧状に広げる。

スペシャルティコーヒーの世界では、カッパーによる評価を標準化する方法として、コーヒー品質協会が定めるQグレード〔高品質のコーヒーであることを意味する〕認証用の基準・手順を採用している。Qグレーダーとして認証を受けたカッパーはみな、一定の判定を行なえるよう訓練を受け、試験をパスしている。香り／アロマ（ドライかウェット）、酸味、フレーバー、コク、余韻、統一性、クリーンカップ（雑味や欠点がないこと）、バランス、甘味、それに全体的な印象でスコアを出し、その後、欠点を引いて１００点満点の点数が出される。80点以上のコーヒーがQグレードのスペシャルティコーヒーと認定される。

◉包装

コーヒー豆は焙煎業者のもとを離れる前に、３日間ガス抜き（焙煎で発生した二酸化炭素を除去する）を行なってから密封あるいは真空パックされる。消費者が購入するコーヒーのほとんどは工場で挽いたものであり、このためいったん開封すると鮮度が急速に落ちてしまう。酸素に触れるコーヒーの表面が大きくなるからだ。グレードの高いコーヒー豆はボタン型やフィルム製のガス抜きバルブ（ワンウェイバルブ）が付いた袋に収められていることが多く、これで袋内に空気が入ることなく、豆が出すガスを外に放出することができる。このほか、袋から酸素を抜いて窒素ガスを充填したものもある。

◉コーヒーの抽出

コーヒーを抽出して淹れる作業には無数の手順と用具があるが、基本として、これは４つに分類できる。

コーヒー抽出用具。左から右へ、エアロプレス、フレンチプレス／カフェティエール、V60ドリッパー、ケメックス、サイフォン。

1. 煮出し式――挽いたコーヒーと水を一緒に熱するもの。トルココーヒーなどがある。
2. 浸漬《しんし》法――挽いたコーヒーを湯に浸す。フレンチプレスなど。
3. 透過法――挽いたコーヒーに湯を通す。フィルターを使用したドリップ式のものなど。
4. 加圧式――挽いたコーヒーに高圧で湯を通すもので、抽出のスピードが速い。エスプレッソなど。

コーヒー業界でよく言われることがある。「1年かけて農園からカップにたどりついたコーヒーを、たったの1分で消費者がまずいコーヒーにしてしまう」。こうならないためにも、本書のレシピ集を参考にされたい。

◉健康

抽出方法は、淹れたコーヒーのカフェイン含有量を決める大きな要因のひとつだ。湯や水がコーヒーに触れる時間が長いほど、カフェインが染み出すからだ。抽出するコーヒーの量も大きく関係するが、一番重要なのがブレンドしたコーヒーに占めるロブスタ種の割合だ。ロブスタ種はアラビカ種の2倍ものカフェインを含む。アメリカ合衆国農務省と保健福祉省が公表した『アメリカ人のための食生活指針2015~2020』では、ドリップ式で抽出した標準量のコーヒー1杯(235ミリリットル)が含むカフェインは96ミリグラム、同量のインスタントコーヒーは66ミリグラム、30ミリリットル(1オンス、シングル)のエスプレッソは64ミリグラムだとされている。これはあくまで平均的な数値であって淹れ方によって大きく変わりうるが、指針が、1日400ミリグラムまでのカフェイン摂取は健康によいとしている点は注目に値する。[8]

カフェインは脳の機能を活発化させ、眠気と戦う刺激物だ。通常は、アデノシンという物質が脳の活動を抑制している。アデノシンは神経細胞表面の受容体と結合し、血管を広げて酸素をより多く取り入れ、眠気を誘う働きをもつ。カフェインが血管を通って脳に入ると、これが神経細胞の受容体に結びついてアデノシンの結合を妨げ、また血管は収縮して頭痛が収まる。アドレナリンの分泌は増加して注意力が増し、放出されたドーパミン〔意欲や快楽に関係する神経伝達物質〕が細胞内に再取り込みされずに濃度が保たれるため幸福感が増加する。このため、コーヒーを飲めば、朝の始動に弾みをつけ、夜勤のシフトでは頭をしゃきっとさせ、頭痛のストレスから解放され、また気分よく過ごせるのだ。

しかし短時間でカフェインを摂りすぎると、健康に害をおよぼしかねない。心拍数が増して血圧が上昇し、カフェインが引き起こす「神経過敏」となり、弱い頭痛や不安感、不眠症、下痢などの症状が現れる。問題は、どの程度で「摂りすぎ」となるかだ。カフェインは、コーヒーを飲んでからおよそ1時間で脳内での濃度が一番高くなり、体内での半減期は3時間から4時間だ。カフェインの代謝は個人によって異なり、体重や遺伝子、性別や生活スタイルなどが大きく影響する。カフェインを過剰摂取すると依存症になることもあるが（このため「カフェイン中毒」の離脱症状として頭痛がする）、その効果に対して耐性がついてしまう場合もある。

1杯のコーヒーが含むカフェイン量はさまざまであり、また薬物に対する個人の反応も異なるために、コーヒー摂取について、適切な量を明確に推奨することは不可能に近いのである。そもそも国民健康調査自体が常に問題点をはらんでいる。コーヒー1杯といっても個人によって量に差があり、ブレンドと抽出の仕方も問題だ。さらには、ミルクと砂糖を入れることの影響を把握する必要もある。

現在の研究では、コーヒーの摂取がもたらす有益な点が多数発見されており、コーヒーが含む化学物質が肝臓病や腎臓病、腸の病気、またそれよりも程度は低くなるが乳ガンを予防する役割をもち、またコーヒーは抗酸化物質の含有量が高いため、アルツハイマーやパーキンソン病にかかるリスクを減少させる可能性が示唆されている。コーヒーには利尿作用があり脱水症をもたらすという疑いはすでに晴れており、コーヒーが成人発症の糖尿病に有効な可能性さえある。コーヒー愛飲家は長寿であるという近年の研究結果もある。『アメリカン・ジャーナル・オブ・メディスン *American Journal of Medicine*』の編集者の言葉を借りれば、コーヒー愛飲家は「この穏やかでおそらくは有益な中毒を受け入れ、楽しむ」べき、なのである。[9]

第2章 ◉ イスラムのワイン

コーヒーを扱う人々がたびたび語る「コーヒー誕生神話」がある。カルディという名の若いエチオピア人のヤギ飼いが、灌木がつけた赤い実をヤギたちが食べると興奮することに気づいた。自分もこの実を噛んでみると、「踊り」まわってしまった。カルディはその後、イスラム教の導師に見とがめられ（または自ら導師のもとへ相談に行き）、導師もこの実を試してみた。導師が取った行動には次のふたつのパターンがある。（a）赤い実を食べると深夜のお祈りの際に眠くならないことに気づき、このためこの実を煎じたものをほかの導師たちにも分けた。（b）この実を嫌い、火に投げ入れてせめてよい香りをかごうとしたが、その後燃えさしから実をひろいあつめて挽き、熱湯をくわえてできたものを飲んだ！

カルディの話が初めてヨーロッパで知られるようになったのは1671年だった。レヴァント（今日のレバノン）出身のマロン派［東方正教会の一派でレバノンに多い］キリスト教徒でローマに移住

小型の焙煎パンを火にかけコーヒー豆を焙煎するベドウィン人。「ダラー」と言われるアラビアコーヒー用のポットは、下部が膨らみ底は平たいため砂の上に自立する。20世紀初頭のトランスヨルダン。

したアントニオ・ファウスト・ナイロニが、コーヒーに関する著書に書いたものだ。ナイロニは母国でこの話を耳にしたのだろう。いつ、どこで、どのような形で人々がコーヒーを飲むようになったのか、正確で信頼のおける説はない。炭化したコーヒー豆が古代の遺跡で見つかったという話があり、また、アヴィセンナとも呼ばれるペルシャ人医師であり哲学者であるイブン・シーナー（９８０〜１０３７年）が書いた「医学典範 *Canon of Medicine*」に出てくるハーブや煎じ薬が、コーヒーノキ由来のものだという説もある。

１４５０年から１６５０年にかけて、つまりコーヒーに関する記録が初めて登場してから２００年あまりにわたって、コーヒーはもっぱらムスリムの人々の飲み物であったことは確かであり、その習慣によって紅海周辺を中心とするコーヒー経済が維持された。この時代のムスリム世界から現代のコーヒーが進化し、現代のコーヒーハウスの原型もここにあるのだ。

エチオピア南部の広大な地域に住むオロモ族は、コーヒーノキの異なる部位からさまざまな食物や飲み物を作る。オロモ族の居住地には、アラビカ種のコーヒーノキの原産地であるカッファやブノ地域も含まれるのだ。たとえば「クティ」は、コーヒーノキの若葉を軽く煎って作るお茶だ。コーヒーの果実の皮を乾燥させたものと牛の乳を混ぜて作るのが「ホジャ」。「ブンナ・ケラ」は乾燥させたコーヒー豆をバターと塩で煎って丸め、元気の出る軽食にしたもので、遠出をするときに携帯し、これを食べてカロリー補給をする。

よく知られているのは「ブンナ」だろう。乾燥させたコーヒー豆の殻を熱湯で15分間煮立ててから飲む。今日、コーヒー農家は似たようなものに「カスカラ」と名を付け販売している。これは、精製工程で出るコーヒー豆の外果皮を乾燥させたもので、フルーツティーとして飲む。本来カスカラとは、コーヒー豆を乾燥させたあとの外果皮、果肉、核果すべてを使ったものをいう。

15世紀半ば頃に、アラビア語で「キシル」という浸出液が、紅海南端にある幅32キロのバブ・エル・マンデブ海峡を越えたようだ。エチオピアの対岸にあるイエメンのイスラム神秘主義者、スーフィーたちはこれを「ズィクル」で使用した。ズィクルとは夜を通して祈りを唱えることで、一切の雑念を排した一種のトランス状態になって一心に神に祈りをささげる。そしてスーフィーたちは

エチオピアの国立コーヒー博物館に描かれたカルディの物語。パネルの前にはコーヒーを供する女性が立つ。女性の右手にあるジェベナ（粘土製の黒いコーヒーポット）で淹れたコーヒーだ。2017年。

この儀式のはじめに、「カフワ」という刺激のある飲み物を飲むようになった。指導者が大きな容器に入ったこの飲み物を与え、これが祈り（「アッラーのほかに神はなし」といった文言）を唱え続ける一団のあいだでまわし飲みされたのだ。スーフィーたちは日中は働いているごく普通の人々だ。カフワはスーフィーたちの儀式にとって欠かせないものだった。カフワとは、もとは欲望――おそらくは眠気――を減じることを意味する言葉だ。

カフワは本来、「カート」という植物の葉である「カフタ」を用いて作った。この植物は幻覚を誘発する物質を含み、これが忘我感を高めるのだが、キシルを使用することで、祈りを唱える人たちが眠気に襲われないようにしたのだろう。儀式で飲むものがキシルからカフワへと変わったのは、スーフィーの法学者であるムハンマド・アッ＝ザブハーニー（１４７０年死去）が推し進めたものではないかと思われる。ザブハーニーは、われわれがコーヒーと結びつけることのできる最初の歴史上の人物だ。アラブ人学者であるアブド・アル＝カディル・アッ＝ジャーズィリーが１５５６年頃に著した「コーヒーの合法性の擁護 *Umdat al safwa fi hill al-qahwa*」は、イスラム世界に普及していくコーヒーを知るおもな情報源であり、ザブハーニーがエチオピアに旅したという説もここで読める。

ザブハーニーは、自分がまったくその性質を知らぬ「カフワ」というものを用いる人々に出会った。アデン［アラビア半島南端にあるイエメンの都市］に戻り病気になったザブハーニーはカフワのことを思い出し、それを飲んでみると効果が現れた。彼はカフワに、疲労や無気力を取りのぞき、潑剌さや活力をもたらす性質があることに気づいた。このことから、ザブハーニーがスーフィーになると、自身も含め、アデンのスーフィーたちはカフワから作った飲み物を用いはじめたのである。[1]

おもに14世紀に活動したスーフィー、アリー・イブン・ウマル・アッ＝シャーズィリーはモカ［紅海に面するイエメンの都市］におけるカフワの「父」とされているが、このあとの記述を読めば、当時のカフワとはカートで作ったものだったことがうかがえる。

ザブハーニーがいた当時のアデンには……「カフタ」はなかった。このためザブハーニーは自分を信奉する人々にこう言った……「コーヒー豆……は眠気を追い払うため、これで作る『カフワ』を飲みなさい」。信奉者たちがこれを飲んでみると、カフタと同じような効果があり……さらに高価でもなく、問題が生じることもなかった。[2]

カフワは当初、宗教儀式でのみ用いるものとされていたが、その後、コーヒー豆のみを使用して作るアラビアコーヒーを意味する言葉となり、これに対し、キシルは今も、乾燥させたフルーツとスパイスを煮出した飲み物のことだ。

スーフィーの習慣によってコーヒーの知識は北方へと広がり、紅海東岸のアラビア領土であるヒジャズ地方（サウジアラビアの古名）へと伝わった。この地方には聖都メッカ、ジッダ、メディナがあり、最終的にコーヒーは、16世紀初頭に、マムルーク朝が支配するカイロに到達した。カイロで初めてコーヒーを飲んだのは、アズハル大学のイエメン人学生たちだった。近東においてコーヒーが広まったのは、宗教儀式ではなく一般社会で飲まれることが増加したからだった。そしてこれが、それまでにない事態を引き起こすことにもなった。１５１１年のメッカで、コーヒーが事実上イスラム法廷の「裁判にかけられる」ことになったのだ。この件は非常に有名だ。

メッカの「パシャ」（総督）に任命されたマムルーク［イスラム世界において、奴隷身分出身の軍人エリート］のハイール・ベグ（カイル・ベイ）はある夜の巡視中に、モスクの敷地でカフワ（コーヒー）を飲んでいる一団を見つけた。ベグは男たちを追い払い、翌朝、コーヒーの飲用に関する問題を議論させるため、メッカの「ウレマ」（イスラム法学者）を招集した。ウレマたちはすぐに宗教会議を開いたものの、コーヒーの飲用がイスラムの教えに反するという結論にはいたらなかった。

この議論の争点となったのが、コーヒーを飲むことが中毒、つまり身体のコントロールが失われる状態を促すかどうかだった。ベグは3人の医師にこれが事実だと証言させ、ウレマはそれに従った。ベグはこれを根拠に、メッカ全市で公にも私宅においてもコーヒーの販売と飲用を禁止したのである。

なぜか？　ベグがコーヒーの存在やこれが飲まれていることを知らなかったわけではない。しばらくはおおっぴらに飲まれていたし、また支配者層もワインの店――建前は非ムスリムにのみワインを出す――などでコーヒーを飲んでいたのだ。ベグの真の目的は、メッカにおよぼす自らの影響力を増すことにあったのだろう。証言した医師たちはコーヒー反対派として有名だった。おそらく医師たちは、コーヒーにはいくつか効用があるといわれているため、自分たちが出す処方薬と競合することに危機感を抱いたのだ。

ベグの禁止令は長くは続かなかった。この決定は裁可を仰ぐためカイロへと送られたが、メッカに戻ってきた布告は、公共の集まりでコーヒーを飲むことは禁止するが、コーヒーの飲用自体は禁じないという内容のものだった。そして1512年にベグは解任され、メッカの通りではふたたびコーヒーを飲めるようになった。カイロの当局は、のちの著述家が書いたように、コーヒーが中毒症状をもたらすとは言えないという判断を認めたようだ。つまり、「コーヒーを飲めば眠くならずに神の名を唱えるが、酒にみだらな喜びを求める者は神を軽んじて酔っぱらう」のである。[3]

結局、コーヒーは、ハッジの大巡礼でメッカを訪れこれを口にした人々によってイスラム世界に広がり続けた。そしてオスマン帝国が１５１６～17年にかけてエジプトを征服したことで、コーヒーはオスマン・トルコの帝国全土に広まり、１５３４年にはダマスカス、１５５４年にはイスタンブールに到達した。さらに、ダマスカス出身のハカムとアレッポ出身のシェムというふたりのシリア人によって、首都イスタンブールには２軒のコーヒーハウスが開店した。イスタンブールの下町の、港と中央市場付近に置かれたこのコーヒーハウスは上流階級の客を集め、詩人はここで知識階級の友人たちに新しい作品を披露し、商人たちはバックギャモンやチェスに興じ、そしてオスマン帝国の役人たちは豪奢な長椅子や絨毯に座って意見を交わした。シェムの店は非常に人気が高く、彼は、3年後には金貨５０００枚を稼いでアレッポに戻ったと言われている。

しかし、アラビアコーヒーとトルココーヒーには、とくにその色に大きな違いがあった。アラビアコーヒー（カフワ）は現在にいたるまで、半透明の茶色の液体だ。コーヒー豆は浅煎りして冷まし、砕いてショウガやシナモン、それにカルダモン（これは欠かせない）などのスパイスと混ぜる。これを銅製のポットに入れて水をくわえて15分ほど煮立てて、予熱した給仕用の小さな容器（「ダラー」）に静かに注ぐ。これは長い注ぎ口がついているものが多い。このコーヒーを、それぞれの客の小さなカップ（「フィンジャン」）に注ぐのだ。

右下にあるのが、コーヒーを淹れるトルコ伝統の用具であるシェズヴェ。口が開いた小さなポットで、長い持ち手がついて直火にかけられるようになっている。注ぎ口から直接フィンジャンというコーヒーカップに注ぐ。写真はエジプトの例だが、左にあるイブリクにコーヒーを移してから供するものもある。イブリクは細長い注ぎ口と高く先細の首が特徴だ。トルコ以外では、どちらもイブリクやイブリクから派生した名で呼ぶ。シェズヴェが発音しづらいからだ。

これに対しオスマン・トルコで飲まれたのは、当時のある詩人が「睡眠と愛を邪魔する黒い敵」と表現した真っ黒で不透明なコーヒーだった。これが今日のトルココーヒー「カフヴェ」の前身だ。コーヒー豆は黒くなるまで焙煎し、粉末状に挽く。コーヒーは水とともに「シェズヴェ」（トルコ以外では「イブリク」または「ブリキ」と言われる）に入れる。シェズヴェは上部が開き底が大きいポットで、開口部のすぐ下がくびれている。これを火にかけて沸騰したら、火から下ろしてコーヒーの液体の上に浮いた泡をスプーンですくってカップに入れる。液体はまた火にかけて沸騰させ（少なくとももう1回。2回繰り返すことが多い）これをまたカップに注ぐが、このとき泡をつぶさないようにする。

イスタンブールの一部のイマムは、豆を焙煎する工程を論拠に、コーヒーの飲用は違法だと主張した。豆を炭化させることから、この飲み物が死んだ物質から作られたもの（よって違法となる）だというのだ。1591年には、イスラムのシャイフ（イスラム教における指導者）であるボスターンザーデ・メフメド・エフェンディが「ファトゥワ」［イスラム法に基づく宣告］を出し、コーヒーには完全な炭化は生じておらず、植物由来であることがわかる飲み物であると宣言した。当時の年代史家はこう記している。

ウレマやシャイフ、高官や要人たちでコーヒーを飲まない者などだれもいなかった。これが高じて、上位の高官が投資のために大きなコーヒーハウスを建て、これを1日金貨1枚か2枚で貸し出す事態にまでなった。[4]

コーヒーハウスは、ムスリム社会で初めて男性たちが堂々と集える場となったことに大きな人気の理由があった。まともな人は家で食事を摂るべきという因習があったため、それまでは、夜に開いている店といったら、ワインを出す居酒屋や「ボザ」——アルコール度数の低い、穀物から作った醗酵飲料——を売る店といった、いかがわしい場所しかなかったのだ。天井から吊り下げられた

オランダ人版画家ヤン・ルイケン作の版画（1698年）。オスマン帝国ではコーヒーを飲む際に男性と女性が同席しなかったことがわかる。版画では、トルコの男性たちはコーヒーハウスでタバコを吸っており、女性は家に集まってコーヒーを飲み楽しんでいる。これは旅行者の記述に基づいて描かれたものだ。

巨大なランプが照らすコーヒーハウスは、夏の夜に駆け込む格好の場所となった。ラマダンのあいだは、日没後になると、日中の断食を終えた大勢の人々がコーヒーで一服した。客は店の外の日よけがありよい香りのする庭に腰を下ろし、コーヒーショップにいる語り部の話や楽器演奏者や歌い手の音楽に耳を傾けることもできた。少なくともヒジャズ地方の初期のコーヒーハウスでは、客から見えないように、ついたての向こうで女性が歌うこともあった。

コーヒーハウスの出現で、社会には、それまでとは異なる新しい交流の形態が生まれた。それ以前は、だれかをもてなす場合は自分の家に招き、多くは使用人が用意した宴をもよおし、そこでは自分の所有物を（おそらくは妻も）並べ、そのもてなしのすべてが、もてなす側ともてなされる側とにはっきりと分かれていた。だがコーヒーハウスでは、人々は同等の相手と会い、どちらも1杯のコーヒーを買うというたって簡単な方法で、もてなす側ともてなされる側という立場の区別などなく歓待し合うことができた。こうした初期のコーヒーハウス内での席次によって、平等主義的な環境が生まれることにもなった。客は、その地位や身分ではなく店に入った順序に応じて、長椅子や壁に沿って置かれたディヴァン（背もたれのない平たい長椅子）に腰を下ろしたのだ。

こうした新しい形の交流の場であるコーヒーハウスが登場したことで、上流の人々だけではなく、社会的地位の低い人たちも互いにコーヒーを楽しみ、気前のよさを見せ合うことができるようになった。１５９９年にカイロを訪れた人物はこう記している。

兵士たちが……コーヒーハウスに行くと金貨1枚を払って釣りをもらうことになるのだが、結局はそれを使い果たす。彼らは釣りをポケットに入れたまま店を出るなどとんでもないことだと思っている。つまりは、そうやって、庶民に鷹揚さを見せつけているのだ。とはいえ、彼らがコーヒーハウスの上得意客だと言ったところで、4杯でたかだか1「パラ」(ペニー)にしかならないコーヒーを友人と1杯ずつおごり合い、たいそうなものをふるまったかのような態度をとる程度のことなのである。[5]

インスタンブールのコーヒーハウスは大人気となり、最初のコーヒーハウスができてから10年後の1564年には50軒を越え、1595年には600軒にまで増加していた。[6] このなかには、コーヒーハウスが居酒屋やボザを売る店と一緒になったタイプのものもあったようだ。それぞれの店の区別があいまいであるという事情もあったのだろう。コーヒーハウスでうさんくさい飲み物を出したり、ゲームやギャンブルに興じることができる店もあったのだ。さらには給仕に〝美少年〟を雇い、カフェインの摂取以外の欲望を満たしていたとも思われる。1565年には、当初はスルタンとしてイスタンブールのコーヒーハウスを歓迎していたスレイマン1世が、アレッポとダマスカスの居酒屋やボザの店、それにコーヒーハウスを閉めよという布告を出した。アレッポとダマスカスの人々が「違法な行為、禁じられた行為を娯楽とすることを止めず」、「そのために宗教上の義務を行なわない」事態になっていたという。[7] スレイマン1世に続くスルタンであるセリム2世

（1566〜74年）とムラト3世（1574〜95年）になると、厳しい布告を出している。

だがこうした布告の影響は限定的だったのではないか。役人や民兵たちはこうした店の常連であり、所有者であることも多かったからだ。コーヒーハウスの隆盛が影響し、オスマン帝国の社会的、政治的構造には変化も生じた。帝国の中央集権化した階層的な体制にほころびが生じ、権力は分散し、上流層にも分断が生まれ、宗教家や聖職者の思想が反発を受けるようになったのである。そして、相手を選ばずに招くことができ、人目を気にせずに会話を楽しめるコーヒーハウスは、こうした、社会の新しい潮流の象徴となった。

コーヒーハウスは宗教界や政界の保守層から攻撃を受けたが、それはまさに、コーヒーハウスが急進的な性質をもっていたからだった。1623年にスルタンの座に就いたムラト4世は、当時は立場が弱かったものの大きな困難を乗り越えて権威を高め、こうした社会の動きに対して非常に反動的な政治を行なった。ムラト4世は情報提供者のネットワークを駆使し、コーヒーショップでささやかれる自身への批判的な噂話を集めさせた。1633年にはイスタンブールの5つの地区を焼失する大火事があり、コーヒーハウスでのタバコが火元だとする声が大きくなると、ムラト4世はイスタンブールのコーヒーハウスやそれに類する店をすべて閉めるよう命じた。この令は、エユップなど帝国の他の都市にも適用された。

その地域を治める者は地域にあるすべてのコーヒー用の炉をただちに破壊せよと命じられ、今後、コーヒー用の炉を置くことは一切禁じられた。そして、コーヒーハウスを開くものは以後だれであろうとも、その入り口の戸の上に吊るされるというのである。[8]

17世紀になる頃にトルコに入ってきたタバコも、当初はムラト4世の怒りの対象となり、あるいはコーヒーハウス禁止の口実とされたようだが（ムラト4世は夜間に変装して市中をまわり、違反者に対しその場で罰を言い渡したと言われている）、コーヒーハウスの持ち主たちにとっては、あるパシャ［オスマン帝国の高官や高位の軍人］が指摘したように、次のような問題があった。

コーヒーハウスの店主は、客——その多くが兵士だ——にタバコを吸うなとは言えない。ポケットに自分のタバコをしのばせて店にやってくる彼ら喫煙者は国の役人であり、特権階級だ。コーヒーハウスの店主や地元の住民ふぜいがいさめることなどできはしない。[9]

イスタンブール市内でのコーヒーハウス禁止令は1650年代の半ばまで続いたが、市の城壁の外ではおおっぴらに営業していた。おそらくは禁止されていた時期もずっと、イスタンブールから遠い地方ではコーヒーハウスは営業していたと思われる。1675年頃にはイスタンブール市内にもコーヒーハウスがふたたび姿を現しており、オスマン帝国領土を旅した人々は、カイロの路上の市場やアラビア半島の隊商路、それにイスタンブールの公共の庭園などでコーヒーハウスがその中

アメデオ・プレツィオージ画「トルコのコーヒーハウス、コンスタンチノープル A Turkish Coffee-house, Constantinople」(1854年)。鉛筆水彩画。プレツィオージはイスタンブールに40年間滞在した。左端後方にコーヒーを淹れるための炉があり、周囲にコーヒーを淹れる用具が置かれている。ペルシャ人商人が火のまわりに集まる仲間にコーヒーを淹れており、フィンジャンとその金属製の持ち手が絵の右前方の席に見える。しかし客の大半は、コーヒーよりもタバコを吸うほうを好んだ。

心にあったという記述を残している。

またイスラム世界全域にコーヒーが普及したことにより、入り組んだ長距離貿易網が構築された。カイロに集まり、そこからオスマン帝国全域へ、そして最終的にはヨーロッパにいたるネットワークだ。まず、エチオピア産の野生のコーヒー豆は乾燥させ、ゼイラ(現在のソマリア北部、ジブチとの国境付近)から船積みされた。ここでコーヒー豆はインドや極東産のスパイスの荷と一緒にされ、紅海を渡った船は港で荷を降ろし、そこからコーヒーを飲用する地域へと荷は運ばれた。

コーヒーの輸送について確認できる最古の記録は、1497年に、シナイ半島南端のトゥラーからスパイスを運ぶ

イエメンのマナハー付近にあるコーヒー栽培用の段々畑。イエメン高地の村々は段々畑に囲まれており、その一部にはコーヒーノキが植えられている。コーヒーチェリーは村の家々の平たい屋根の上で乾燥させる。

商船に積まれていたというものだ。[10]

1540年代まではエチオピアが唯一のコーヒー産地だったが、需要の高まりと、アフリカ北部のキリスト教徒と南部のイスラム教徒間の紛争が原因でコーヒーの供給が不安定になったため、紅海沿岸のティハマ平原と首都サナア間にある、イエメン内陸部の高地でもコーヒーが栽培されるようになった。エチオピアに自生する、コーヒー豆が小粒の品種から採った種子を、イエメンの小作農たちは家の畑で作る自給用作物のそばに植えた。これが世界初のコーヒー農園である。この地域は2世紀にわたり、商業用コーヒー生産の唯一の中心であり続けた。漆喰塗りのスタッコ壁の家が並ぶ村々が山地全体にちらばり、その周囲に石壁で支えられた段々畑が延々と続く。雨季に「ワジ」［雨季以外は水のない川。枯れ谷］がもたらす恵みで、畑は肥沃である。18世紀初頭まで、こうした高地でのコーヒー栽培が150万人ほどの人々の生活を支えた。

イエメン高地の生産者からコーヒーを飲む消費者へとコーヒーがたどりつくまでには細分化された経路をたどらなければならなかった（それは今も変わらない）。輸送は非常にむずかしく、山地と低地の市場をつなぐのはラバしか通れないような道だった。乾燥させたコーヒーチェリーは栽培者自身の手で最寄りの町に運ばれると、布や塩などの商品と交換される。そしてコーヒーはその後さまざまな仲介者を経て沿岸部の平地にあるバイトル＝ファキーフの大きな卸売市場にたどり着く。ここで商人がコーヒーを買い、倉庫に保管し、その後ラクダの隊商がアルマカ（アル＝モカ、アル＝モッカ、そしてヨーロッパの人々にはモカとして知られる）やフダイダの港へと運び、ここで船積みされる。コーヒーを扱う商人の大半はバニヤンだった。おもにインドのグジャラート州南部の港湾都市スーラトの出身であるこの商人たちは、インド洋周辺の貿易を一手に担っていた。バニヤンたちはまたイエメンの金融ネットワークも支配していたから、彼らは主たる資金提供者であると同時に、実質的にコーヒー栽培を牛耳っていたのである。

こうした入り組んだ状況にはあったが、コーヒー交易は、とくにイエメン内陸部の部族から忠誠を集めるザイド派［イスラム教シーア派の一派］の指導者たちに大きな収入をもたらした。そしてこれが、オスマン帝国の統治に対抗する大きな力となった。1638年、ザイド派イマムによるカシ

オルフェルト・ダッパー画「アル・マカの港 Port of Al-Makha」(1680年)。ダッパーの版画は商人や宣教団の説明に基づいて制作したもの。手前に見えるオランダ東インド会社(VOC)の船上と、左手の海岸にあるVOCの工場の上にはオランダ国旗がひるがえっている。

ム朝はオスマン帝国勢力をイエメンから駆逐し、初めてイエメン統一を果たしてゼイラ［ソマリアの港湾都市］を掌握した。そして、イエメンとエチオピア産コーヒーの世界への供給を実質独占したのである。その後、両国産のコーヒー豆は港湾都市モカから輸出されたため、「モカ」と呼ばれるようになった。

ザイド派の蜂起が成功したことで紅海貿易は再編されることになった。オスマン帝国内で消費されるコーヒーはダウ船［インド洋やアラビア海など沿海貿易用の帆船］によってフダイダからジッダ［オスマン帝国が支配したヒジャズ地方にありイスラム教の聖地メッカの玄関口にあたる］へと輸送された。オスマン帝国はジッダを集散地［生産地から産物を集め、消費地へと送り出す地］と定め、帝国はこれによって得た収入を聖地の維持にあてた。エジプト東部のスエズから穀物を運んだ船はジッダでコーヒー豆を載せてカイロへと向かい、そしてカイロでは、商人たち――1560年代には定期的なコーヒー豆の取り引きをはじめていた――がコーヒー豆をサロニカ（テッサロニキ）やコンスタンチノープル（イスタンブール）、チュニスといった地中海沿岸のオスマン帝国主要都市へと振り分けた。1650年代以降、コーヒー豆はエジプトのアレクサンドリアへと運ばれ、西ヨーロッパの港への輸送を一手に行なうマルセイユの貿易業者たちがこれを買ったのである。

一方モカは、これ以外のコーヒー消費国である、おもにペルシャ湾、アラビア海およびインド洋周辺のイスラム諸国にコーヒー豆を輸出する主要港となった。そしてその結果、モカは紅海を介したインド交易の主要な集散地ともなる。イギリス東インド会社は1618年にはこの地に商館を置いて交易で利益を得ており、イギリスでコーヒーが飲まれるようになる30年以上も前から、「コーワ」、「コウヘ」、「コワー」、「コホー」、「コウハ」、「コッファ」とさまざまに呼ばれる荷を、ペルシャやムガール朝インドにいる同社仲買人（ブローカー）に送っていた。ヨーロッパの仲買人は、ヨーロッパとインドシナの交易が増加したことで、17世紀には莫大な量のスパイスの取り引きを自分たちの手で行なうようになったものの、コーヒー豆の貿易は依然として、そのほとんどがムスリム商人のネットワークによるものだった。

ただしヨーロッパの商人にとってこの状況は問題も含むものだった。コーヒー豆供給量の予測がつかない状況が続いていたのである。イエメンの高地で生産が行なわれているため、市場の需要に応じた栽培をすることがむずかしかったのだ。作家にして旅行家、またコーヒーをマルセイユに紹介した商人の息子であるジャン・ド・ラ・ロックは、1709年と1711年の2度、フランスのブルターニュ地方の港町サン・マロからモカへと交易隊が向かったことを記している。これによると、バニヤンの仲買人を通すと、フランスへ向かう船一杯にコーヒー豆を積むためには半年もかかっていたのである。またバニヤンの仲買人がフランスの交易隊のためにコーヒーを手に入れようとしたことで、バイトル＝ファキーフのコーヒー豆価格は上昇していた。この交易隊が出会ったあるオランダ人商人にいたっては、1回分の船荷を満たすのに1年かかるとみていた。1720年代の紅海からのコーヒー豆出荷量は年間1万2000から1万5000トンに達していたが、これが世界のコーヒー豆の実質的な全供給量となっていた。[11] この量はその後の100年にわたってほぼ変わらず、１８４０年に世界のコーヒー豆生産量にイエメンが占める割合がわずか3パーセントになったときでさえも同じだった。この数字を見れば、コーヒーの消費量が増すなか、ヨーロッパの人々がイエメンに代わる栽培の中心地を作ろうとしたのも当然である。

１７２０年代以降、オランダはジャワ島へ、フランスはカリブ海地域へと目を向け、このためオランダとフランスのモカとアレクサンドリアからのコーヒー豆購入量はそれぞれ減少した。しかしこうした減少分も、イギリスとアメリカによる購入量の増加で補われた。コーヒー交易による収入は相変わらず莫大なものだったため、領土拡大政策をとったエジプトの統治者ムハンマド・アリーは、イエメンを占領して支配下におこうと目論んだ。このためイギリスは１８３９年にイエメンの港湾都市アデンを占領してこの地域における自国の影響力を保持し、また１８５０年にはアデンを自由港とした。関税がかからず、水深が十分な港と倉庫施設を備えるアデンは、紅海沿岸の主要なコーヒー豆積み出し港としてモカを上まわることになる。今日、モカの港湾地域には小規模な漁船団しかない。廃墟が並び、また港に通じる水路は沈泥《ちんでい》で浅くなってしまっている。19世紀にアメリカの船団が、コーヒー豆積み込みの前に、砂を詰めたバラストを海中に捨てたためにこうなったのだろう。

紅海地域でのコーヒー経済衰退の主因は、ムスリムの消費者の嗜好が大きく変わったことだ。19世紀初頭にはインドとイランでコーヒーの代わりに紅茶が飲まれるようになり、これが劇的な影響をおよぼした。インドやイランという古くからあった東方のコーヒー市場が失われたからである。

エジプトでは、国内で栽培される茶で作る紅茶がコーヒーよりも人気があった。20世紀前半にはトルコ共和国の初代大統領アタチュルクがトルコの近代化政策を進め、そのひとつが、コーヒー消費国から紅茶消費国への転換だった。高価な輸入品であるコーヒーに代わり、国内で栽培した作物で作る飲み物が推奨されたのだ。しかし欧米のコーヒーショップ・チェーンがトルコに進出すると、これに刺激を受け、トルコのコーヒーハウス文化は復活することになる。

逆に、コーヒー経済が過去200年で拡大したのがエチオピアだった。19世紀後半にエチオピア皇帝メネリク2世がコーヒー輸出による収入で武器を購入し、この武器で、1896年のアドワの戦いでイタリア軍を撃破したのは有名な話だ。この勝利によってエチオピアは、ヨーロッパ列強によるアフリカ大陸分割後も唯一、独立国としての地位を守った。エチオピアでは、南西部のシダモやカッファ、ジンマといったオロモ族の王国の「自生」コーヒー（おそらくは王国の求めに応じて小作農が畑に植え、収穫物を貢物とした）にくわえ、東部のハラール付近に新しいプランテーションが置かれ、ここに、世界のコーヒー産地でアラビカコーヒーノキ（学名 *Coffea arabica*）から作られた栽培品種を植えた。そしてハラール付近で穫れた大粒のコーヒー豆はモカ・ロングベリーと呼ばれ、本来のイエメン（とエチオピア）産の豆である「モカ」と区別されるようになった。

エチオピア北部では、この地域に住むコプト派キリスト教徒もコーヒーを栽培して飲むようになった。さらに1930年代には、エチオピア皇帝の座に就いたハイレ・セラシエ1世がコーヒー豆から得た収入によって自らの権威を高めた（しかしイタリアのファシストによるエチオピア占領を阻むことはできなかった。今日、アディスアベバとアスマラにあるエスプレッソ・バーはイタリアによる占領の名残だ)。エチオピアは今も、自国産のコーヒーの多く(約50パーセント)を国内消費する数少ない生産国のひとつである。

第3章◉植民地の産物

オスマン帝国統治下の地域を除き、ヨーロッパでは、17世紀半ばまでコーヒーはほとんど飲まれていなかった。コーヒーがヨーロッパに入ってくるとコーヒーハウスやカフェがヨーロッパに登場し、その人気はヨーロッパ社会に広がっていった。そして18世紀にはコーヒー生産の中心地が劇的に再編されることになった。オランダ共和国、フランス、イギリスといったヨーロッパ諸国が増加するコーヒー需要を満たすため、アジアやカリブ海地域の自国植民地でコーヒー栽培に乗り出したからだ。

◉ヨーロッパにおけるコーヒー文化の広まり

とはいえ、ヨーロッパの人々があっという間にコーヒー豆の虜《とりこ》になったというわけでもない。ヨーロッパ大陸にはチョコレートにコーヒー、紅茶と新しい嗜好品が次々と到来して、消費者の好みもこれらを行ったり来たりしたからだ。ヨーロッパに存在するギルド（同業者組合）の規則の複雑さも、貿易業者がコーヒーを売ったり飲ませたりする店をはじめる障害になっていた。この結果、コーヒー文化が一気に広まるというわけにはいかなかったのである。ヨーロッパでコーヒーが初めて淹れられた地はヴェネツィアだったと思われるが、ここにコーヒーハウスが登場したのはその100年ののちのことだった。またロンドンはヨーロッパで初めてコーヒーハウスが誕生した都市だが、イギリスはヨーロッパのコーヒー生産国としては他国に遅れ、また生産に熱心でもなかった。逆にフランス人はチョコレートからコーヒーへと目を転じた時期は他国よりも遅かったものの、18世紀においては、コーヒーの消費も植民地での栽培も他国を圧倒していた。

ヨーロッパのキリスト教国がコーヒーを取り入れたことは、近東のイスラム教国とヨーロッパ大陸の複雑な関係に影響をおよぼした。コーヒーへの興味がかきたてられたきっかけは「東方」熱の大流行ではあったものの、17世紀初頭に近東へと旅行し記録を残した人々は、大昔の話をもちだすことでコーヒーという飲み物をムスリム社会から切り離そうとしていることが多い。ホメロスの「オデュッセイア」にはヘレネが作った苦しみを忘れさせる興奮剤が出てくるが、この材料がコーヒーだったのではないかと記したのはイタリア人のピエトロ・デッラ・ヴァッレだ。またイギリス人のヘンリー・ブラント卿は、古代ギリシアの軍事都市国家スパルタの人々が戦闘前に飲んだ黒スープはコーヒーだったと述べている。コーヒーは古代ギリシアのものだとすることで、こうした旅行者たちはコーヒーとはヨーロッパ文明発祥のものであると主張し、今でこそオスマン帝国の領土となっ

ヨーロッパにおけるコーヒー文化の普及*

	領土内で初めてコーヒーが飲まれた年	商業用コーヒーが初めて到来した年	コーヒーハウスが初めて開店した年	植民地における初のコーヒー栽培年
イタリア	1575年 ヴェネツィア	1624年 ヴェネツィア	1683年 ヴェネツィア	
オランダ	1596年 ライデン, 1616年 アムステルダム	1640年 アムステルダム	1665年 アムステルダム, 1670年 ハーグ	1696年 ジャワ, 1712年 スリナム
イギリス	1637年 オックスフォード	1657年 ロンドン	1650年? オックスフォード, 1652年 ロンドン	1730年 ジャマイカ
フランス	1644年 マルセイユ	1660年 マルセイユ	1670年 マルセイユ, 1671年 パリ	1715年 レユニオン, 1723年 マルティニーク
ドイツ		1669年 ブレーメン	1673年 ブレーメン, 1721年 ベルリン	
ハプスブルク帝国	1665年 ウィーン		1685年 ウィーン	

＊文献調査によるデータ

ジャン・エティエンヌ・リオタール画「朝食を摂るオランダ人少女 A Dutch Girl at Breakfast」油彩、カンヴァス画（1756年頃）。18世紀半ばにはミルクと砂糖を入れたコーヒーが、ヨーロッパの富裕層の朝食で摂る標準的な飲み物となっていた。この絵にあるコーヒーポットは「ドロペルミンナ（dröppelminna）」と呼ばれた。コーヒー豆を挽いてポットに入れ、湯を注いで、できたコーヒーを底のすぐ上についた注ぎ口から注ぐ。しかしこのポットはコーヒーの粉がつまってコーヒーが垂れやすかった。だからこの名（dröppel は「しずく」の意味）がついたのだ。

てはいるものの、もともとはキリスト教徒がコーヒーを飲んでいたと思わせたかったのだ。17世紀初めには教皇クレメンス8世がコーヒーを飲み、キリスト教徒の飲み物としてコーヒーに洗礼を授けたとも言われている。この説に明確な証拠はないが、こうした話は広く伝わっていることから、コーヒー貿易に携わる人々は、教皇がそうしてくれることを望んだのだと考えられる。

コーヒーは1575年にはヴェネツィアに存在した。ヴェネツィアで殺害されたトルコ人商人の目録に、コーヒーを淹れる用具が記録されていることから確認されている事実だ。1624年には船で輸送され薬として薬局で販売されており、1645年にはコーヒー豆を販売する免許を取得した店があったようだ。[1] コーヒーはイタリアの他の地方にも広がり、1665年にはトスカーナ地方がコーヒー貿易を独占していた。コーヒーを出すカフェが認められてヴェネツィアに初めて登場したのが1683年と遅かったのは、既存の薬局を保護する規則があったからだろう。1759年には、ヴェネツィアの市当局はカフェの数を204に制限する必要にせまられ、しかし4年も経たないうちにこの軒数を超えてしまった。

ハプスブルク帝国［神聖ローマ帝国およびオーストリアの王家であるハプスブルク家が統治する、現在のオーストリアを中心とした国家群］においてコーヒーが普及しはじめた当時の歴史がはっきりしないのも、イタリアと同じような制約があったせいだろう。オスマン帝国との国境付近にあり、オスマン帝国の侵略をたびたび受けた地域はとくにその歴史はあいまいだ。和平条約締結のため1665年にウィーンに派遣されたトルコ代表団は、ふたりのコーヒー給仕を伴っていた。そして代表団が

コルシツキーがトルコの民族衣装を着てブルーボトル・コーヒーハウスでコーヒーを給仕しているこの絵は、1900年頃に描かれたもの。この絵も、ウィーンにコーヒーをもたらしたのはコルシツキーだという神話に信憑性を増すもののひとつだ。

帰国した1666年には、ハプスブルク帝国内でのコーヒー取り引きが盛んになっていたようだ。コーヒーの売買はアルメニア人が一手に担った。たとえば1685年に初めてコーヒーを淹れて売る免許を認められたのもアルメニア人のヨハネス・ディオダートであり、つまり彼はコーヒーハウスを営業したのである。[2]

こうした経緯は、ウィーンにコーヒーを紹介したと言われている人物の話とは矛盾する。1683年にオスマン帝国がウィーンを包囲した際に、オスマン軍戦線の背後にスパイとして潜んでいたフランツ・ゲオルグ・コルシツキーが、退却するオスマン兵が捨てたコーヒー豆の袋を戦利品として手に入れ、ここからウィーンのコーヒーははじまったという説だ。

おそらくは、トルコ人の服装をしたコルシツキーがあらかじめ淹れておいたコーヒーをウィーン市内で売り歩き、自分の店を出せるよう市当局に嘆願したというのが本当のところだろう。許可が下りると、コルシツキーは有名な「ブルーボトル」（青い瓶）のマークがついたコーヒーハウスをはじめた。コルシツキーの死後3年たった1697年には、認可を受けたギルドであるコーヒー職人兄弟団（Bruderschaft der Kaffeesieder）が創設された。[3] そしてこのギルドは、ミルクをくわえるという、それまでにはなかったコーヒーの飲み方を提唱した。客はコーヒーの色を見て、好みの濃さになるようミルクの量を決めるのだ。これが「カプツィナー」のはじまりであり、カプチン派の修道僧の服の色からこう名付けられた。ミルクにはコーヒーを甘くし（あるいは味をごまかし）、またムスリム風の真っ黒な色を、キリスト教徒にふさわしい白い飲み物へ変えるという象徴的な意味合いがあったのである。

ヨーロッパで最初にコーヒーハウス文化を発展させたのはイギリスだった。コーヒー豆をイギリスにもたらす役割を果たしたのも、オスマン帝国から来た人々だった。オックスフォード大学ベイリオル・カレッジのギリシア人学生であったナサニエル・コノピオスは、1637年5月にイギリスで初めてコーヒーを飲んだ人物として記録されている。レヴァント出身のユダヤ人で、某家の使用人だったジェイコブという人物が1650年にオックスフォードにコーヒーハウスを開いたという説もあるが、ジェイコブが実在の人物だったとしても、おそらくはコーヒーを売るのではなく、主人の客にコーヒーを給仕していたのだろう。しかし、オスマン帝国の都市スミルナ（現在のイズ

トーマス・ローランドソン画「コーヒーハウスの喧嘩 A Mad Dog in a Coffee House」（1809年）。この風刺版画はコーヒーハウス全盛期のずっとあとのものではあるが、ロンドンのコーヒーハウスの多くで見られた光景を描いている。肉感的な女主人（この場で唯一の女性）は円形のカウンターの背後に控えている。左の棚に並んだコーヒーポットはトルコの「シェズヴェ」に似ている。右の壁には、輸送および保管業者からの注意書きが貼られている。喧嘩騒ぎは客にとってお楽しみのひとつだったのだろう。

が引き継いだものの、店は1666年のロンドン大火で焼失した。

コーヒーハウスが、イングランド内戦［1642年に起きた清教徒革命により王政が倒され共和政が実現された］終結（1651年）に続く、クロムウェルが統治した時代に登場したのも偶然ではなかった。ギルドの力は弱まり、平等主義と禁酒という文化的価値観が世の主流となり、客を平等に扱いアルコールを出さない社交の場はこの風潮にぴったりと合ったのだ。当初、コーヒーハウスには長いテーブルが置かれた。それは階層を問わずだれもが同じテーブルにつくことを意味した。そして火にかけて淹れたコーヒーがコーヒーポットに移され、給仕がそれを客のボウル――当時は持ち手がなく「ディッシュ（皿）」と言われていた――に注ぎ分けた。

コーヒーハウスは1660年からの王政復古［クロムウェルによる統治を経て、チャールズ2世が即位して王政が復活したこと］の時代も生き延びた。議会制に反対する王党派も、会話を盗み聞きされないようにこうした場を利用していたからだ。1666年にクラレンドン伯爵［王政復古期のイギリスの政治家、貴族でチャールズ2世の重臣］が枢密院《すうみついん》にコーヒーハウス禁止令を提出したが、ウィリアム・コヴェントリー［クラレンドンと同時期の政治家］は伯爵に、「クロムウェルの時代には……王の支持者たちが、ほかのどの場所よりもこうしたコーヒーハウスで自由に意見を交わしていた」ことを思い出させたのである。[6] オックスフォードでも同じことが言えた。この都市には、1656年に、薬剤師のアーサー・ティリヤードが首都ロンドン以外で初めてコーヒーハウスを開いたという記録が残る。ティリヤードは、「当時はオックスフォードにいた一部王党派と、自らを『教養人』あるいは『機知に富む者』と標榜する人々からも、コーヒーハウスを出すように言われた」と書いている。[7]

「教養人」とは、新しい文化やめずらしい事象について、それにたとえばルネサンス期のイギリス人哲学者フランシス・ベーコンなどの流れを汲む、経験主義や疑似科学と思えるような新しい分野について知的好奇心を発揮する紳士たちのことだ。教養人は宮廷人ではないため、彼らは自由に新しい現象について学び、それをいわゆる「ペニー・ユニバーシティ」で議論した。つまり、コーヒーハウスではコーヒー1杯分の代金で大学のように学べるというわけだ。

ティリャードのコーヒーハウスの客には、現代物理学の父アイザック・ニュートン、天文学者エドモンド・ハレー（ハレー彗星で有名）、そしてその収集品が大英博物館の核となる、収集家のハンス・スローンなどがいた。その他、教養人の多くは傑出した学者ではなかったものの、コーヒーハウスに熱心に通い、そこにあるさまざまなめずらしいものをくわしく知ろうとした。ジェームズ・ソルターがロンドンに出したドン・サルテロのコーヒーハウスには、１７２９年には「スマトラの鳩小屋に入り込み、15羽の家禽と5羽の鳩を飲み込んだ体長が5メートルあまりもある大蛇」といった珍品が展示されていた。[8]

このほか、コーヒーハウスをおおいに利用したのがロンドンの実業家たちであり、彼らは特定の店に集まり、仕事をし、事業を成長させた。なかでもよく知られているのが１６８８年創業のロイズ・コーヒーハウスだ。この店からは海上保険を扱うイギリスの中核企業ロイズ社が生まれた。ジョナサンのコーヒーハウスでは自然発生的に株式の取り引きが行なわれるようになり、熱狂的な株式投機とその後の株価急落によって起こった１７２０年の南海泡沫事件《なんかいほうまつじけん》［「南海会社」の株価大暴落を契機としたイギリスの金融恐慌］にも大きく関わった。コーヒーハウスで構築されるネットワークの価値に気づいたのがサミュエル・ピープス［17世紀のイギリスの官僚。海軍の高官となった］だった。１６６３年には居酒屋に代えてコーヒーハウスに足しげく通うようになり、「ほぼ病気になる」ほどコーヒーを飲んだが、海軍への物資供給における見返りで莫大な富を得た。[9]

ただしコーヒーハウスの成功とコーヒー自体の成功とは区別する必要がある。1660年頃には、コーヒーハウス内ではコーヒー以外にもチョコレートと紅茶が飲めるようになっていた。あらたに創設された王立協会［1660年に創設されたイギリスの科学学会］の本拠となったギリシア風コーヒーハウスは、1664年に、チョコレートと紅茶を売るだけではなく、「その作り方も教えます」と宣伝している。イギリス国王チャールズの家臣たちが、1675年に再度コーヒーハウスの取り締まりを行なおうとしたときには、「コーヒー、チョコレート、シャーベット、紅茶」を売る店と定義している（この取り締まりもうまくはいかなかった）。最初の「チョコレートハウス」であるホワイツが創業したのは1693年、トーマス・トワイニングが元祖ティーハウスを開いたのは1711年と遅かったのも、チョコレートと紅茶が飲まれるようになったのがコーヒーより遅かったからというよりも、コーヒーハウスでもこのふたつを飲むことができたからなのだ。

また、コーヒーハウスでコーヒーを飲むことが、コーヒーが家庭で飲まれることの妨げになった可能性もある。コーヒーハウスは本来男性が通う店であり、初対面の相手とも交流する場だった。もしそこに女性がいるとしたら、給仕か、客が求めるものを「サービス」する女性だった。「コーヒー反対を訴える女たちの請願 Women's Petition against Coffee」とは、1674年に出されたコーヒーとコーヒーハウスを非難する意見書だ。このふたつが男たちを家庭から遠ざけ、無能にしていると訴えるものだった。おそらくは失った客を取りもどしたいビール醸造業者の支援を受けたものだったのだろうが、この請願は、コーヒーとコーヒーハウスに対する男女の意見の相違をあぶりだした。

一方で、上流の女性が飲んだのは紅茶だった。紅茶は上流階級のロールモデルとなった一部の女性が愛飲していた。なかでも著名だったのが、１６６２年にイギリス国王チャールズ２世と結婚し、イギリスの宮廷に紅茶をもち込んだ、ポルトガルのブラガンザ家出身のキャサリンだ。その後、イギリスを統治したふたりの女王、メアリー２世（在位１６８９～94年）とその実妹のアン女王（在位１７０２～14年）はどちらも紅茶をたしなんだ。家に集まって紅茶を飲んだ女性たちは、ティー・ガーデンでも公然と紅茶を飲んだ。ここでは戸外にテーブルが置かれて外からそのようすが見え、ここが女性向けのきちんとした場所であることがわかるようになっていた。

ロンドンのコーヒーハウスの爆発的人気がどの程度のものであったか、すべてを推し量るのはむずかしいが、ヘンリー・マイトランドによる記録は正確だと思われる。マイトランドは１７３９年に首都ロンドンを徹底的に調査し、５５１軒のコーヒーハウスがあったと記録している。これはロンドンの人口約１０００人に１軒の割合となる。ロンドンの特別区内だけで１４４軒のコーヒーハウスがあり、居酒屋や宿とほぼ同数だった。マイトランドはさらに、ロンドンには８０００軒を超す安酒場があると記録しており、さらにくわしく見ると、ロンドンの最貧地区では80対１の割合でコーヒーハウスより安酒場が多かったことを明らかにしている。これはコーヒーが上流階級の飲み物であったことを示している。１７４０年代以降になると、紅茶の消費は下層階級の人々にも浸透しはじめた。イギリス東インド会社が輸入する中国産の茶には関税がかからなかったが、国際市場で買い付けされるコーヒーには重い税がかけられていたからだ。

18世紀後半には、コーヒーハウスはコーヒーだけではなくアルコール類も提供するようになって実質的には居酒屋に逆戻りしており、「タークスヘッド」という名をもつパブが多数あったことでもこれがわかる。そのひとつがロンドンのジェラルド通りにあったタークスヘッドだ。1764年には、ここは文学クラブの役割を果たしていた。客には偉大な辞書編集者であるサミュエル・ジョンソン博士や彼の伝記を書いたジェイムズ・ボスウェルなどがおり、彼らが好んで飲んだのは紅茶やワインだった。コーヒーハウスのなかには、イギリス人画家ウィリアム・ホガースが1738年に制作した絵「朝 *Morning*」――ロンドンのコヴェント・ガーデンにあるキングス・コーヒーハウスを描いたもの――にあるように、売春宿として使われているところもあった。こうした店は、取引所（たとえばロイズ）へと進化するものがある一方で、教養人が集まるだけの店は紳士の内輪のクラブという性質を強め、階級社会を支える場ともなった。そして1815年に発行されたロンドンのある商業案内には、コーヒーハウスは12軒しか掲載されていない。

これと対照的なのがフランスのカフェだった。フランスにカフェが登場したのはイギリスよりも遅かったが、18世紀にはあらゆる階層が利用する〝社会的施設〟へと発展した。

順を追って見ていこう。マルセイユでは1640年代にコーヒー豆が取り引きされていたものの、パリでは1669年までコーヒーは知られていなかった。しかしこの年、オスマン・トルコのスルタンであるメフメト4世がフランスのルイ14世に外交団を派遣した。これはおそらく、フランスの駐コンスタンチノープル大使にたきつけられて、メフメト4世がフランスに自身の威光を印象づけ

しい客が相手であり、パリの男性たちに、人と会ったり語り合ったり、チェッカーをはじめとするゲームで遊び、あるいはさまざまなくじでギャンブルに興じる場を提供していた。タバコを詰めた陶器製のパイプが客のために常備されてもいたのは、喫煙の習慣が当時かなり大衆化していたからだ。調度や家具は客の社会的階層にふさわしいものだったが、広さを求めて店は通りにまでテーブルを出した。また中心街の外にあるという立地のために店の賃料は安く、日中には客は外の席でのどかに日を浴びることができたし、夜には売春婦を品定めすることもできた。

カフェは男性社会の一部だった。多くのカフェは夫婦で経営し、女性が接客をし、夫は奥の「仕事場」で飲食物を用意した。さまざまな人が集まり酒を扱う場所であるため、売春婦と間違われないように、カフェに足を踏み入れる女性はほとんどいなかった。女性がコーヒーを注文することはあっても、もち帰って人目につかないところで飲んでいたようだ。

ブルジョワの女性はチョコレートを飲むのを好み、それは医学的効能があると考えられていたからでもあった。だが「カフェ・オレ」が広まると、このチョコレート優位の状況は変わりはじめた。リヨンのコーヒー商人であり人文学者でもあったフィリップ・デュフュールは、1684年に著したコーヒーと紅茶、チョコレートに関する書でこう説明している。「〔挽いた〕コーヒーをミルクに入れて少々煮詰めるとチョコレートのフレーバーがするようになり、これはほぼすべての人が気に入るだろう」[10]。さらに、カフェ・オレは外国由来のものではなく、フランスで生まれたものでもあった。1690年にはカフェ・オレ好きの高貴な身分の女性がこう述べている。「フランスには良質の牛乳があり牝牛がいます。私たちは牛乳からもっともおいしいクリーム分をすくい取って……そしてこれを砂糖とおいしいコーヒーと混ぜることを思いついたのです」[11]

現在のベルギー、オランダ、ルクセンブルクにあたる北海沿岸低地帯では、性別や身分にかかわらず、コーヒーが急速に広まった。18世紀のアムステルダムでは、下層階級や中間階級の家庭の遺産目録にコーヒーを淹れる器具が書かれていることも多かった。1726年には、コーヒーが「わが国ではごく普通に飲まれるようになっている。女中やお針子は朝にコーヒーを飲まなければ針の穴に糸を通せないほどだ」とまで言われていた。[12] 家で請負仕事をする織子《おりこ》は、砂糖を入れて甘くしたコーヒーを飲んで活力源とし、織機にはりついて仕事をしていたようだ。

コーヒー人気の高まりを受け、ヨーロッパの貿易会社にとってコーヒー豆の確保は重要な仕事になった。困ったことに、1707年にオスマン帝国が帝国外へのコーヒー輸出禁止令を課したが、オランダ東インド会社（VOC）の総督であるニコラス・ウィッツェンはすでに1696年にジャワ島でコーヒー農園を開いていた。コーヒーの種子はインドのマラバールからもち込んだ。ムスリムの学者であるババ・ブーダンが、メッカに巡礼した際に服にコーヒーの種子を隠してもち帰り、マラバールに植えたのだという言い伝えがある。だがマラバールに持ち込まれたコーヒーの種子は、バニヤンのコーヒー貿易に紛れて運ばれたものだという説明のほうが説得力があるように思える。

ジャワでは、VOCがその土地の首長たちに一定量のコーヒーを供給させ、それに対して事前に決めた安い対価を支払っていた。そして現地の領主たちは、自分が治める農民たちに、賦役《ふえき》としてコーヒーを栽培させた。しかしコーヒーチェリーは、農民にとっては金銭的にも栄養的にも価値のあるものではなく、このため彼らには栽培技術を向上させようという意欲はほとんどなかった。多くの農民は自給作物用の畑の隅や森林の樹間でコーヒーを栽培して義務を果たそうとしたが、コーヒー栽培が盛んなジャワ島西部では、領主側が農民に、コーヒー栽培にとくに適した土地に移動するよう命じることもあった。[13]

１７１１年にジャワからオランダへと定期的なコーヒー輸送がはじまったことで、アムステルダムはヨーロッパ初のコーヒー取引所としての地位を確立した。１７２１年にはアムステルダムの市場で扱われるコーヒーの90パーセントがイエメン産だったが、１７２６年にはジャワ産が90パーセントを占めるまでになっていた。[14] しかしジャワからの荷は18世紀半ばまで増加を続けたものの、カリブ海諸国の新しいプランテーションで生産したコーヒーに追い抜かれると、しだいに減少していった。

この原因の一端はオランダにある。１７１２年にオランダはコーヒーをスリナムにもち込んだ。スリナムは南アメリカの北東岸に位置し、カリブ海に面するオランダの植民地だ。スリナムからのコーヒー輸出は１７２１年にはじまり、１７４０年代にはジャワ産コーヒー豆の輸出量を上まわった。スリナムではコーヒーだけが栽培され、おもに奴隷がプランテーションで働いた。

１７１５年にはフランスが、アフリカ東岸沖、マスカリン諸島のひとつであるブルボン島（今日のレユニオン島）にコーヒーノキを植えた。フランス東インド会社がこの無人島の植民地化をはじめたのは１６４０年代のことであり、フランス人入植者に土地使用の特権を認め、アフリカ人

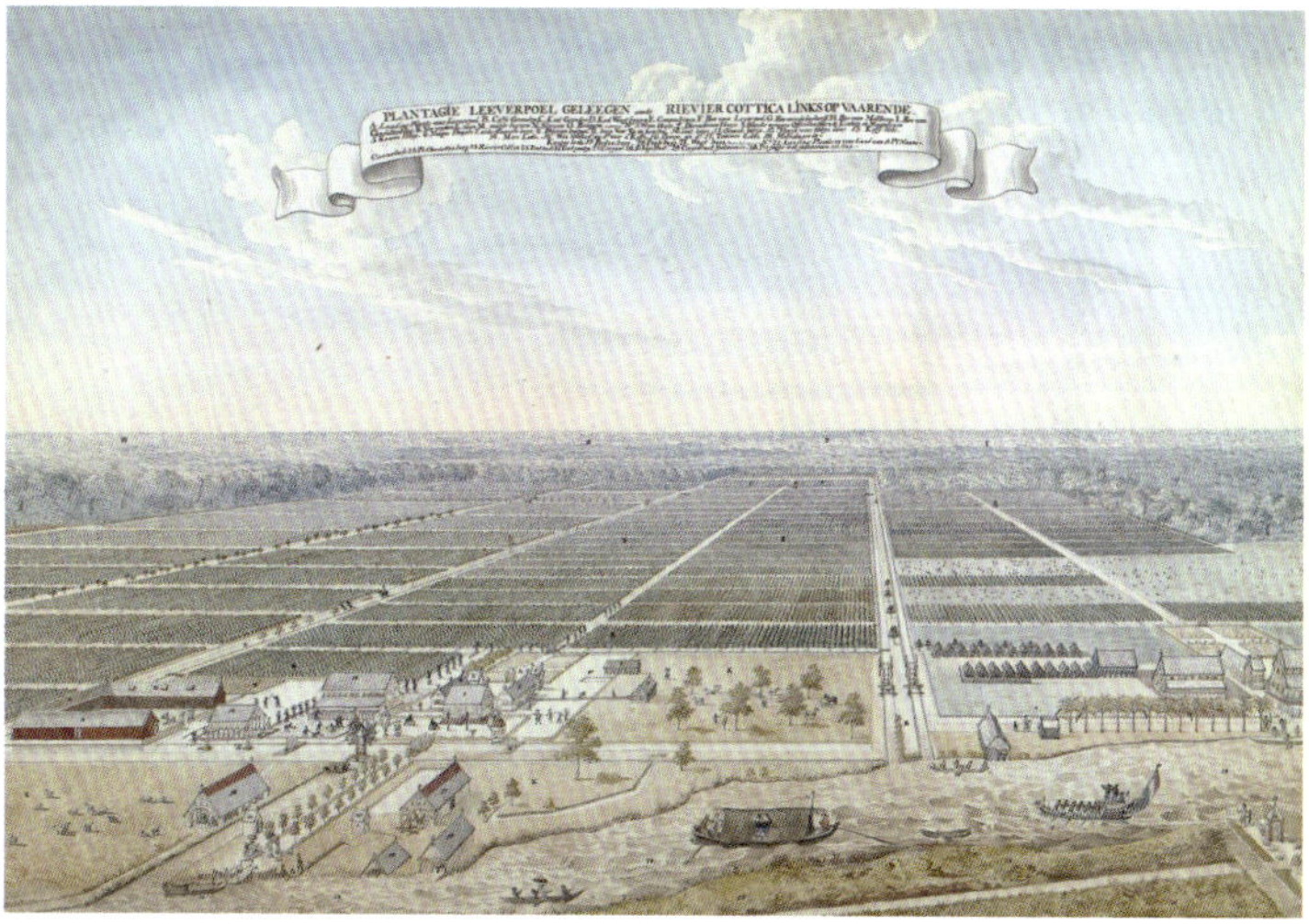

1700 ～ 1800年頃のスリナムのリーフェルプール・コーヒープランテーション。この作者不詳の絵からは、コーヒープランテーションの広大さがうかがえる。船着き場と水路のすぐ向こうに主要な建物が配置されている。下の絵の左手には奴隷が住むコの字形の家屋があり、そのうしろには奴隷用の狭い畑が見える。右手には精製工程を行なう区域があり、ここで労働者が乾燥場のパティオにコーヒーチェリーを広げて、一段高いテーブルの上で乾燥させている。プランテーションの監督者や監視官は、中央右寄りの「白い」家に住み、右端には余暇用の庭が見える。

奴隷に耕作させた。そしてオスマン帝国の持ち出し禁止令を無視してイエメンからもち込んだアラビカ種のコーヒーノキの栽培は非常にうまくいったのである。[15]

1720年代には、フランスはカリブ海地域の自国領土にもコーヒーノキをもち込み、マルティニーク島で栽培をはじめた。1723年に若き海軍将校ガブリエル・ド・クリューがパリの植物園からコーヒーノキの苗木をこの島に運んだと言われ、ずっとのちになってからは、クリューが航海中に自分の飲み水をこの苗木に分け与えたという心を打つ話も刊行された。とはいえ本当のところは、ブルボン島とスリナムで採れた種子を1724年にこの地に植えたのがはじまりのようだ。いつ、どうやってコーヒーノキがサン＝ドマング（現在のハイチ共和国にある）に到来したかはよくわかっていないが、栽培は成功し、カリブ海地域のどこよりも多くコーヒーを生産した。9年戦争［大同盟戦争。フランスがアウクスブルク同盟（英、独、オランダ、スペインなど）に対して行なった侵略戦争］が1697年に終結してフランスは植民地を獲得し、イスパニョーラ島はふたつに分割された。東側のサント＝ドミンゴ（現在のドミニク共和国）は以前同様スペイン統治下に置かれたが、島の西3分の1のサン＝ドマングをフランスが獲得したのである。カリブ海のほかの地域と同様、ここでも沿岸の低地地帯ではサトウキビのプランテーションが行なわれ、内陸部の山地にコーヒー園が置かれた。

1730年代までフランス東インド会社は、ブルボン島産とカリブ海地域産のコーヒー豆はフランスで販売することを認めなかった。これは、自身が扱う高価格なモカの市場寡占状態を維持するためだった。その代わり、こうした産地のコーヒー（現在ではコフィア・モーリタニア（学名*Coffea mauritiana*）、フランス語では「カフェマロン」と呼ばれている、ブルボン島に自生しているのが発見されたコーヒーなど）はアムステルダム取引所へと輸送された。しかしこの種は栽培種のアラビカコーヒーノキよりも質が悪く、1720年代には栽培されなくなった。そして1750年代になると、アムステルダム取引所で売買されるアメリカ大陸産コーヒーの割合がアジア産のものと肩を並べた。

18世紀半ばに輸入禁止令が解かれてフランスに植民地産のコーヒー豆が流入するようになるとコーヒーの価格は低下し、下層階級にも手が届く飲み物になった。コーヒーを飲んで上流を気取る風潮も生まれ、哲学者のジャック＝フランソワ・ドゥマシーは、階層によるコーヒーの楽しみ方の違いについて、1775年に次のように描写している。

上流社会の女性は肘掛け椅子にゆったりと腰を下ろし、十分な朝食を摂る。つやつやに磨かれたティーテーブルにはモカコーヒーが置かれて芳香を添えている。金箔を貼った磁器製カップ……に十分精製した砂糖と良質のクリーム。……一方で野菜売りの女はぱさぱさのパンの小さな一切れをきわめてまずい飲み物に浸す。彼女は、不格好なポットに入ったその飲み物がカフェ・オレだと教えられているのだ。[16]

「カフェ・オレ」売りの女性。アドリアン・ジョリーの「パリの芸術、仕事、物売りの声 Arts, metiers et cris de Paris」(1826年版)より。

1780年代には世界のコーヒー供給量の80パーセントをカリブ海地域産が占めるようになり、なかでも多かったのがサン=ドマング産のものだった。1760年代から1780年代にかけてサン=ドマングにはプランテーションがさらに増設され、コーヒー豆の輸出額はサトウキビと肩を並べた。植民地での栽培が成功したのは生産コストが低いからであり、それはアフリカから連れてきた奴隷の労働によるところが大きかった。

サン=ドマングにおけるコーヒー栽培のようすがよくわかるのが、栽培者のP・J・ラボリが1798年に刊行した本だ。ラボリは、土地の開墾から豆の袋詰めまで、コーヒー栽培の全工程を解説している。革新的な「西インドの精製工程」についても書かれている。水路を使って果肉をやわらかくし、突起の付いた板のあいだを通してコーヒーチェリーの果肉を取る方法だ。しかしなにより驚かされるのは彼の考え方だ。「ニグロ」――ラボリは奴隷をこう呼んでいる――「は、コーヒー栽培に必要な労働をさせようとするなら、奴隷という生まれながらの状態にしておかなければならない生き物である。……それ以外の状況では、働こうとしないからだ」と述べている。[17]

ラボリは、奴隷を買うときには、あけっぴろげで陽気な顔つき、澄んだ生き生きとした目、健康な歯、たくましい腕、乾いた大きな手、強い腰と尻、自由によく動く脚をもつかどうかじっくりと見定めるよう助言している。買った奴隷には「発汗作用のある薬」を2週間飲ませ、航海中に罹《かか》った病気を汗と一緒に体外に出さなければならない。そして、「不快だが必要な」奴隷の仕分けが行なわれた。

「ラ・マリー＝セラフィーク La Marie-Séraphique」(1773年)。この作者不詳の水彩画はフランスの奴隷船を描いたもの。フランスのナントで登記されたこの奴隷船はアンゴラからの船旅を終え、サン＝ドマングのカプ・フランセの港に錨を下ろしている。この日は船で運んできた奴隷を売る初日だ。船内には鉄の壁があって奴隷を主甲板に閉じ込め、競りは後甲板で行なわれる。一方ヨーロッパの奴隷購入者たちは船尾でピクニックを楽しむ。

また、新しく買った奴隷は「慣らし」をする必要があった――時間をかけて農園での作業を増やし、涼しい気候に適合させるのである。ラボリは15歳くらいの少年少女を買うのを好んだ。耕作や草取りをさせつつ「主人の考え」を教え込みやすいからだ。そうして仕込まれたら、大人の奴隷たちに混じって夜明けから日没までプランテーションで働く。それを監視するのは、主人の信用を得た、ムチを手にしたリーダー役の奴隷だった。

なによりも優先されるのが権威の維持だった。主人やリーダー役に口答えするといった不服従は、暴力やレイプなどの奴隷同士で起こす問題よりも厳しく罰された。ラボリは、奴隷に病気が流行らないように、ムチ打ちをしたあとにはムチをきれいに洗う必要があるとも書いている。

サン＝ドマングの人種政策は複雑だった。コーヒー・プランテーションの3分の1以上、そして全奴隷の4分の1が、いわゆる「ジャン・ド・クルール（有色人）」「自由黒人」が所有するものだったのだ。ジャン・ド・クルールとは、フランス人入植者と黒人とのあいだに生まれてフランス人の父親に認知された者と、以前は奴隷だったが主人によって自由を認められた黒人からなり、奴隷出身の黒人は数が増加していた。1789年のサン＝ドマングの植民地にはジャン・ド・クルールが2万8000人、白人が3万人いた。そして奴隷は46万5000人と、どちらのグループよりも「はるかに多かった」。

1789年に封建的国家体制を解体しようとするフランス革命が勃発すると、ジャン・ド・クルールは勢いづき、白人と同等の扱いを受ける権利があると主張し、一方奴隷はこの不穏な状況を利用して労働環境の向上を求める反乱を企てた。1791年以降、こうした勢力がひとつになって不安定な同盟を作った。これを指導したのが、奴隷から解放された自由黒人のトゥーサン・ルーヴェルチュールであり、一時はコーヒープランテーションひとつと15人の奴隷を所有していた人物だった。うんざりするほどの暴力や外国からの干渉、抑圧と戦争が繰り返される状況が1804年まで続いたが、サン＝ドマングは独立を宣言し、ハイチという国名に変えて奴隷制を廃止した。ラボリが所有する農園をはじめ、千以上のコーヒープランテーションが破壊され、ラボリはジャマイカに逃亡した。新しい農園が開設されたものの、黒人による統治を承認したくないヨーロッパ諸国とアメリカがハイチとは取り引きをしなかったため、ハイチのコーヒー貿易は失われたも同然になった。

一方ヨーロッパでは、フランスによる大陸封鎖令［1806年にナポレオン1世が出した、ヨーロッパ諸国にイギリスとの通商を禁じる勅令］や、これに対抗するイギリス海軍による海上封鎖によって、コーヒーの供給量が大きく不足するようになった。これに対し、ナポレオンは国内で栽培したチコリ［キク科の多年草で葉をサラダなどに使う］の根をコーヒーの代用とすることを奨励した。チコリは過去にプロイセンのフリードリヒ大王も奨励しており、彼は、コーヒーの消費を厳しく取り締まるため、1780年代にいわゆる「コーヒーの匂いかぎ」を雇ったほどだった。そして焙煎したチコリの根でコーヒー豆のかさを増す習慣は広く行なわれるようになった。20世紀初頭になっても、業界専門誌である『ティー・アンド・コーヒー・トレード・ジャーナル』の創刊編集者ウィリアム・ユーカーズは、ヨーロッパの人々は「チコリコーヒーばかり飲んでそれがコーヒーの味だと思っているので、万が一本物のコーヒーを飲んだとしても、それが本物のコーヒーだとわかるかどうかは疑問だ」と嘆いている。[18]

それにもかかわらず、19世紀前半にはヨーロッパ中でコーヒーの消費量が増加し続けた。当時のスウェーデンの小説に出てくるのは、あらゆる階級の人々がコーヒーを飲む場面だ。たとえば、1844年に刊行されたエミリ・フルーガレ＝カーレンズの『Pål Värning』の主人公は貧しい漁師であり、病気の母親にコーヒーを買ってあげるために危険な旅をする。主人公は居酒屋を兼ねた店で年かさの女中に出会う。そして、「その女は台所のストーブのそばに座ってパイプをくわえ、火にはコーヒーポットがかかっている……それはその女にとって人生最高の楽しみだ」という描写がある。ヨーロッパでは、コーヒー豆は「植民地の産物（コロニアル・グッズ）」を並べる店で売られるようになった。コーヒーを売るにはふさわしい店だ。というのもヨーロッパに供給されるコーヒー豆の大半はいまだに帝国領土からの輸入品だったからだ。

ドリップ式器具が誕生したのは19世紀初頭のことだった。コーヒー好きのパリの大司教から名をとった「ドゥ・ベロワのポット」がそうだ。ポットが上下2段に分かれ、上段に挽いたコーヒーを入れて湯を注ぐと、フィルターで漉されてコーヒー液が下段に落ちるという仕組みだった。のちには、二段式のポットを直火にかけて下段の湯が沸いたらポットをひっくり返し、フィルター部に入れたコーヒーに湯を透過させるタイプのものが登場した。[19] その後100年ほどのあいだには、サイフォンやパーコレーターなど新しい器具が上流層で人気を得たが、ヨーロッパの多くではドリッ

コーフィー、1870年代。この版画は、オランダ領東インドの首都（現在のインドネシアのジャカルタ）バタヴィアに本社を置く出版社、コルフが刊行したもの。コーヒーチェリーを摘み、精製して淹れるまでのさまざまな工程が描かれている。だがコーヒーが植民地内で、とくに現地の人々の家庭で消費されることはほとんどなかった。この版画では、ドゥ・ベロワ・ポットを使用してコーヒーを淹れている。ポットの上段に湯を注ぐと、それが挽いたコーヒーを通って下段に落ちる仕組みだった。ミルク入りの壺も見えるため、このポスターはオランダの消費者向けのものだったのだろう。

プ式の器具が広く使われるようになった。

サン＝ドマングのコーヒー栽培が崩壊すると、アジアでのコーヒー生産が復活することになる。ジャワ産コーヒーがよく飲まれたことから、アメリカではジャワという名がコーヒーを意味するものになっていた。しかし「ジャワ」の名で売られているコーヒーは、スマトラやインドネシア諸島の他のオランダ植民地産のものだったようだ。ニューヨークへの輸送には5か月を要し、この間にコーヒー豆は鮮度が落ち、汗をかいて茶色に変色することも多かった。しかし輸送の間に酸味が減少したコーヒー豆がもてはやされるようになり、蒸気船の登場以降も帆船での輸送が続いた。

オランダの植民地当局は現地の首長を介してコーヒー栽培を行なうという施策を続け、小作農たちに特定の商品作物を栽培させ、その全量を国が低価格で買うという、いわゆる強制栽培制度を導入した。元植民地官吏のエドゥアルト・ダウエス・デッケルはムルタトゥーリという筆名で、1860年に自伝的小説『マックス・ハーフェラール』［佐藤弘幸訳／めこん／2003年］を書いた。そこには、オランダ人が、金に困っている地主に対しては甘い顔をみせる一方で、小作農が飢えるようすが描かれている。[20] 1880年代には、ジャワの小作農家の60パーセントがコーヒー栽培を強制されていた。しかも、コーヒーノキの世話には農作業にかける時間の15パーセントを要していたにもかかわらず、農家の収入のうちコーヒーによるものは4パーセントにしかならなかった。

イギリスも植民地におけるコーヒー生産を拡大させ、その多くはセイロン島（スリランカ）で行なった。ナポレオン戦争中にセイロン島沿岸部をオランダから奪ったイギリスは内陸部への進出を開始し、1815年には独立国であるキャンディ王国［英領になる以前のスリランカ最後の王国］を倒した。イギリスの実業家たちは森を切り払ってコーヒープランテーションを作り、島に生息する象の多くを殺した。また、インドのマドラス地方から、多額の借金を抱えたタミル人を債務奴隷として連れてきた。こうしたプランテーションに向かう途上や、到着したのちの過酷な労働環境のために大勢が命を落としたが、その数は不明である。[21]

1860年代後半には、セイロンとインドでのイギリスのコーヒー豆生産量はオランダ植民地でのそれに迫りつつあった。だが1869年、コーヒーさび病菌（学名 *Hemileia vastatrix*）が引き起こすさび病が流行しはじめる。その結果、1880年代半ばにはコーヒープランテーションの大半が破壊され、茶栽培への転換が進み、茶葉がコーヒー豆に勝利することになる。そして1913年には、セイロンはコーヒー輸入国に転じたのである。

さび病の流行はアジア全域に広がり、ジャワ、スマトラおよびその他の東インド諸島やインドにおけるコーヒー豆の生産は壊滅状態になった。さび病はアフリカや南西太平洋の島々にまで達した。一部ではアラビカ種のコーヒーノキに代えて、西アフリカにあるリベリアの自生種、リベリカコーヒーノキ（学名 *Coffea liberica*）が栽培された。だがこの種は苦味が強くてほとんど需要がなく、飲むのはマレーシアやフィリピンの地元住民くらいのものだった（フィリピンではリベリカ種を深煎りした、カフェイン含有量の高いバラココーヒーが飲まれた）。ともあれ、リベリカ種もまたさび病に弱いことが判明した。その後第一次世界大戦の勃発によって、アジアのコーヒー供給量は世界

コーヒーの葉にできるさび病。これに罹ると、まず葉の裏側にさびのような斑点がはっきりと現れる。

の全供給量の20分の1に減少した。さび病流行以前には3分の1を占めていたのに、だ。そして世界のコーヒー経済の中心は、アメリカ大陸に移ることになる。

第4章◉工業製品

19世紀後半になると、コーヒーはアメリカ大陸におけるふたつの国――ブラジルとアメリカ――によって工業製品へと変身した。ブラジルは奴隷に代えてヨーロッパから労働者を吸いよせ、コーヒー栽培を国の奥地まで広げた。一方アメリカの国民ひとりあたりのコーヒー消費量は、19世紀半ばから20世紀半ばまでの100年で3倍に増加し、家庭で生豆を焙煎して飲むという消費スタイルから、焙煎済みで、ブランド名のついた工業製品であるコーヒーを購入するものへと変化した。そして中米とコロンビアが競ってアメリカのコーヒー市場に参入する時代が訪れると、各国が国益を守ろうとし、あらたな形のコーヒー政策が出現した。

◉アメリカのコーヒー――植民地時代から南北戦争まで

アメリカ人がコーヒーを好むのは、独立を勝ち取るための戦いの結果だと言われることが多い。

発端は、コーヒーではなく紅茶だった。アメリカの入植者たちが「代表なくして課税なし」「イギリス議会に代表を送れないのに課税はされることへの不満を言い表したもの」と声を上げ、紅茶はその戦いの象徴とされたのだ。紅茶はイギリス東インド会社が独占するもののひとつであり、イギリス政府は植民地への紅茶輸入に税を課した。1773年12月16日、これに反発する人々がチェサピーク湾の港に停泊していたイギリス船から紅茶の箱を投げ捨て、ボストン茶会事件を起こした。この結果、アメリカの愛国者は紅茶ではなくコーヒーを飲むようになったという話である。

だが現実はもっと複雑だ。コーヒーはそのずっと前からアメリカのイギリス植民地で長く飲まれていた。とくにボストンではよく飲まれ、この街では1670年にドロシー・ジョーンズが初めて「コーヒーとチョコレート〔cuchaletto〕」販売の免許を取っている。コーヒーハウスはボストンの街全域に広がり、居酒屋のほぼ2倍の軒数があったという。1697年創業のコーヒーハウス、グリーンドラゴンはなかでも有名で、政治活動家たちが定期的に会合を行なう場所ともなっていた。しかし、植民地アメリカに——おもにジャマイカから——入ってくるコーヒーは、イギリスが一手に扱っていた。

茶会事件のあと、愛国者たちはイギリスを介して入ってくるものは極力口にしないようにした。のちにアメリカ合衆国第2代大統領となるジョン・アダムズは1774年に、「それが本当に密輸されたものなら、あるいは課税されていないなら、1杯の紅茶を」と注文した。また1777年に妻のアビゲイルが、ボストンの女性たちがコーヒーと砂糖を求めて倉庫に押し入ったようすを手

1880～1950年のアメリカ合衆国のコーヒー消費量*

年	総輸入量（100万ポンド**）	ひとりあたり消費量（ポンド）	世界の総輸入量に占める割合（%）
1800	8.8	1.65	
1830	38.3	2.98	
1860	182.0	5.78	28.7
1890	490.1	8.31	36.1
1920	1,244.9	11.88	56.1
1950	2,427.7	16.04	63.6

* William H. Ukers, *All About Coffee* (New York, 1935), p. 529; Mario Samper, 'Appendix: Historical Statistics of Coffee Production and Trade from 1700 to 1960', in *The Global Coffee Economy in Africa, Asia, and Latin America, 1500-1989*, ed. William Gervase Clarence Smith and Steven Topik (Cambridge, 2003), pp. 419, 442-4. に基づいたデータ
** 1ポンドは約0.45kg

紙で知らせると、「女性がコーヒーへの愛着を捨て」、アメリカで栽培した産物から作った飲み物を口にすればいいのだが、と述べた。[1]

そしてフランスがサン＝ドマングから（独立したばかりの）アメリカへとコーヒー豆の輸出をはじめるとコーヒー人気は高まり、1800年には消費量がひとりあたり680グラムを超えた。[2] ナポレオン戦争中、アメリカは輸入したコーヒー豆を再輸出するという貿易で儲けていた。イギリスによる海上封鎖を回避するため、カリブ海地域産のコーヒーはアメリカの帆船でヨーロッパに運ばれたのである。

1821年に1ポンドあたり21セントだったコーヒー豆の価格は1830年には8セントまで下がっており、このため1820年以降はコーヒー消費量が急増した。この下落の原因は、フランスとスペインの戦争を見越した投機家たちがコーヒーを買い占めたが、結局戦争は起こらず、国際市場にその大量のコー

ヒー豆を放出したことにあった。世界のコーヒー供給量は増大し、コーヒー豆の価格はその後20年にわたり、1ポンドあたり10セント超えとなることはめったになかった。アメリカ政府は1832年にコーヒー豆への関税を廃止し、1850年にはコーヒー消費量がひとりあたり2・3キロを超えた。

サン=ドマングのプランテーション崩壊後にアメリカへの主要なコーヒー供給国となったのがキューバであり、アメリカ人投機家の多くがキューバにコーヒープランテーションを所有した。しかし1840年代に自然災害が続いて何百本ものコーヒーノキが枯れると、多くはサトウキビのプランテーションへと変わった。その後アメリカはラテンアメリカから低価格のコーヒー豆を輸入することが増え、ブラジル産コーヒーがその多くを占めた。

アメリカ南北戦争（1860～65年）はアメリカのコーヒーの歴史において大きな意味をもつものとなった。このとき大量のコーヒーを確保していたのがユニオン（北）軍だ。兵士の支給食糧に1日約43グラムのコーヒーがつけば、1年では16キロになる。将軍たちはカフェインがもつ覚醒作用を認識しており、戦闘前には必ず部下の兵士たちにたっぷりのコーヒーを飲ませていた。銃床《じゅうしょう》にコーヒーミルが付属しているライフルを手にする兵士までいたほどだ。そして北軍による南部沿岸の封鎖は、南軍側の州――と南軍――がチコリやドングリといった代用コーヒーを飲まざるを得なくなることを意味したのである。

軍隊生活のなかでコーヒーに対する関心がいかに高かったかは、この当時の兵士の日記に「ライ

ウィンスロー・ホーマー画「コーヒー・コール The Coffee Call」(1863年)。アメリカ南北戦争で戦ったポトマック軍の兵士たちが、キャンプファイアにかけた大きなバケツで淹れたコーヒーを飲もうと列を作っている。

フル」や「大砲」あるいは「銃弾」といった言葉よりも「コーヒー」が頻繁に登場する事実からもうかがえる。支給されたコーヒーを配る軍曹たちは、兵士の名を読み上げてコーヒーをわたすときには、ひいきしていると言われないように顔をそむけていたほどだった。砲兵のジョン・ビリングスによる回想録「乾パンとコーヒー *Hardtack and Coffee*」には、乾パンをコーヒーに浸すとパンのなかのゾウムシが死んで、それがコーヒーの表面に浮いてくると書かれている。ビリングスはこう続ける。

真夜中の行軍を命じられると……その前には必ずポットでコーヒーを淹れた。午前や午後に休止を命じられたときにも必ずコーヒーだ……。食事にコーヒー、食事と食事のあいだにもコーヒー……そしてそれだけのコーヒーを飲んできた老兵は、今や町で一番のコーヒー飲みだ。[3]

1862年9月17日、メリーランド州アンティータムで、南北戦争でもっとも悲惨な戦闘が行なわれた。19歳の軍曹ウィリアム・マッキンリー(のちの合衆国大統領)は、激しい砲撃をかいくぐって、前線の兵士たちにコーヒーを給仕してまわった。指揮官である将校によると、「新しい連隊を戦闘に投入したかのごとく」、コーヒーによって士気が上がったという。[4]

「マッキンリーのコーヒー・ラン」。アンティータム国立古戦場のマッキンリー記念碑の一部。のちにアメリカ合衆国大統領になるマッキンリーの南北戦争時の活躍を描いたもので、マッキンリー暗殺2年後の1903年に建立された。

◉コーヒー産業の誕生

南北戦争の兵士たちが帰還すると、彼らのコーヒーを飲む習慣によって、国内に出現しつつあったコーヒー産業が活気づいた。1880年代には、アメリカは世界のコーヒー豆生産量の3分の1を輸入するまでになっており、この結果、1882年にはニューヨーク・コーヒー取引所が開設された。

19世紀のあいだは国の多くが田舎町だったアメリカでは、人々はカタログ業者や雑貨店から袋入りのコーヒー生豆を購入していた。生豆は少量ずつ家庭で焙煎する。薪ストーブにフライパンをかけて20分ほどかき混ぜるのだ。暮らし向きのよい家庭には、ストーブにかけ、フタについたハンドルを回してかき混ぜる家庭用焙煎器があった。19世紀半ばには家庭用のコーヒーミルもめずらしくはなかったが、焙煎した豆を粉にする作業にはすり鉢とすりこぎを使うことが多かった。

コーヒーの淹れ方は簡単で、挽いたコーヒー豆をやかんの湯で熱するだけだ。家事指南書では20〜25分煮立てることが推奨されていた。コーヒーの粉をやかんの底に沈ませるためにはさまざまなものをくわえており、たいていは卵白だったが、アイシングラス（魚の浮袋から採ったゼラチン）を使うこともよくあった。

1856年には「オールド・ドミニオン」のコーヒー・ポットが特許を取得し、人気を博した。初期のパーコレーターと言えるポットで、ポットの下部にある容器にコーヒーを入れて抽出し、そ

カーターが開発した引き出し式焙煎機。工業的なコーヒー焙煎がはじまった頃に使用された。各ドラムには約90キロのコーヒーが入っている。フランシス・サーバー著『コーヒー――プランテーションからカップまで *Coffee: From Plantation to Cup*』（1887年）より。

の容器から出ているパイプを通してポット内で蒸気を循環させ、フレーバーが逃げないようにしたものだった。このコーヒー・ポットを使う場合はポットに湯とコーヒーを入れたままひと晩置き、朝食前に再度10分から15分ほど沸騰させる。さらりとしたコクと苦味の強い口当たりは、アメリカのコーヒーを代表する味となった。

１８４０年代になって大きな街も出来てくるようになると、コーヒー焙煎卸売りという新しい事業が登場し、こうした店では焙煎済みのコーヒー豆を量り売りした。焙煎には、ボストンのジェームズ・Ｗ・カーターが１８４６年に特許を取った引き出し式焙煎機が使用された。石炭を焚《た》くレンガ造りのかまどに円筒形の長い焙煎ドラムを挿入するものだ。かまどからドラムを水平に引き出したり差し込んだりするシステムで、コーヒー豆は側面にあるスライド式のドアを開けて出し入れした。

焙煎機を動かす職人はドラムの先端付近から出る煙の色を見て、焙煎具合を判断する。焙煎が終わったらコーヒー豆はトレーに出し、冷めるまで手でかき混ぜる。焙煎機からそのまま床にコーヒー豆を落とし、熊手で広げて水を撒く業者もいた。この作業を見た人は、「熱いコーヒー豆に水が触れると大量の蒸気になる。だから焙煎が終わって火からコーヒー豆を降ろすと、数分間は焙煎室が厚い霧に覆われたようになる」と回想している。[5]

1864年にはジャベズ・バーンズが、自動でコーヒー豆の取り出しを行なえる焙煎機の特許を取った。レンガ製のオーブンに取り付けた回転するドラム内で、いわゆる「ダブル・スクリュー」でコーヒー豆を上下均一に動かしムラのない焙煎を行なうものだ。焙煎が終わると、ドラム前方からコーヒー豆を冷却用トレーに取り出すことができた。ドラムを火から下ろす必要がなくなった点は大きな進歩であり、この焙煎機の目玉だった。バーンズはさらに冷却と豆の挽き方も改良して所要時間を短縮し、卸《おろし》と小売りにおける生豆と焙煎済みコーヒー豆の価格差を大きく減少させた。

1874年にバーンズはこう述べている。

適切な焙煎を施したコーヒー豆が手に入るとしたら、家庭での焙煎がこの国のいたるところで行なわれるというばかげた状況は長くは続かないはずだ……。大規模な業者がうまくやれば、小規模な店は自分で焙煎をするのが割に合わなくなる……的確な焙煎が実現できれば……大きな売り上げが確保できるだけでなく、他の事業者の焙煎も請け負えるだろう。[6]

こうしてアメリカのコーヒーは大量生産・工業製品の時代へと突入した。商標（ブランド）を付け、新しく登場した消費社会に売り込まれるようになったのである。

◉次々と誕生するコーヒーのブランド

兄弟で食品雑貨卸売業を営んでいたピッツバーグのジョン・アーバックルは、登場したてのバーンズ焙煎機をすぐに購入したひとりだった。そして1865年に、焙煎したコーヒー豆を蠟引きの紙袋（ピーナッツ用に開発されたもの）に詰めて販売しはじめた。3年後、アーバックルは焙煎したコーヒー豆を卵と砂糖でコーティングしてつやを出す技術の特許を取った。コーヒー豆の表面を空気に触れさせないことで豆の劣化を防ぎ、さらに、澄んだコーヒーができるという。そして次のような広告を打った。薪ストーブでコーヒー豆を焙煎する女性が「まあ、またコーヒー豆を焦がしてしまったわ」と嘆き、その横で身なりのよい客が、「私のようにアーバックルの焙煎済みコーヒーをお買いになれば焦がすこともありませんわ」と助言している。その下には、「家庭でコーヒー豆を焙煎するのは至難の業」というセリフが添えられていた。[7]

1873年にアーバックルはアリオサを創設し、これが全国的に知られた初のコーヒーブランドとなった。卵と砂糖でつやを出したコーヒー豆を詰めた袋にはよく目立つ黄色いラベルが貼られ、アーバックルという赤い文字と、その上にトレードマークの天使が飛ぶ絵が描かれていた。アリオサは、1881年にはニューヨークとピッツバーグの工場で85台のバーンズ焙煎機を稼働させ、シカゴとカンザスに物流倉庫を置くまでに成長していた。

アリオサの一番の得意先は、アメリカ極西部地方のカウボーイや牧場経営者や開拓者たちだった。多くが南北戦争時の兵士で、そのときにコーヒーの味を覚えたのだ。コーヒーの包みにはペパーミントキャンディのスティックが1本付き、その甘い味でコーヒーの苦味をやわらげるようになっていた。幌馬車隊の料理人は、「キャンディが欲しいやつはいるか?」という言葉をエサに、仲間にコーヒー豆を挽かせたと言われている。また包みにはクーポンが入っていて、工具類や銃、カミソリにカーテン、それに結婚指輪まで引き換えることができた。天使の絵は、アメリカ先住民に、コーヒーを飲めば精神的なパワー――カフェインがもたらす高揚感――を得られるのだと手っ取り早くわかってもらうためのものでもあった。

コーヒーの焙煎卸売りが盛んになると、ほかにも有名なブランドがいくつか登場した。ジム・フォルジャーが1850年代のゴールド・ラッシュ時代にサンフランシスコで創設したのが、コーヒー焙煎会社のフォルジャーズ。1878年にはカレブ・チェイスとジェームズ・サンボーンがボストンで起業したそれぞれのコーヒー会社を合併させ、シールというブランドを作って、初めて密封式の缶入りコーヒー豆を販売した。

チェイス＆サンバーン社のシール・ブランド・ジャワ・アンド・モカ。初の缶入り焙煎コーヒーだ。ブランド名は、原産地表記に関する法律が厳しくなって以降、「シール」と短いものになった。

以後、コーヒー豆が缶入りで販売されるのがアメリカの標準となったが、その缶詰めの工程では空気も入ってしまうため、劣化の問題は残った。サンフランシスコで誕生したブランドであるヒルス・ブラザーズは、１９００年に真空パックの技術を導入することで劣化の問題に対処した。これは挽いたコーヒーによく使われ、ヒルスで一番人気のブランドであるレッド・カンもこの方式を採用した。１８９２年にはチーク＝ニール社がマクスウェル・ハウスというブランドを作った。これは、自社がコーヒーを供給するナッシュビルのしゃれたホテルからとった名だった。

１９１５年には消費者の85パーセントが、量り売りの焙煎済みコーヒー豆よりも、包装されてブランド名の付いたコーヒーを好むようになっていた。その当時、ブランドの数は３５００もあったが、そのすべてが近所の雑貨店に並んでいたわけではなかった。コーヒー市場の売り上げのおよそ60パーセントは、食品雑貨を訪問販売する会社によるものだった。なかでも最大だったのがジュエル・ティー・カンパニーで、稼ぎの半分をコーヒー販売であげていた。また市場で大きなシェアを占めていたのが、コーヒーチェーン店の自前ブランドコーヒーだ。グレート・アトランティック・アンド・パシフィック・ティー・カンパニー――通常はA＆Pと呼ばれる――は自社ブランドのエイトオクロック・コーヒーを販売し、店頭にミルを設置して「実演」販売も行なった。

20世紀初頭にはコーヒーはアメリカの国民的飲料という地位を固め、消費量はひとりあたり5キロに達した。アメリカは世界の全コーヒー供給量のゆうに半分以上を輸入し、焙煎業者は自らのブランドに「バッファロー」や「ダイニング・カー・スペシャル」といった名を付けて、アメリカらしさをアピールした。またトーマス・ウッド社は、販売するアンクルサムズ・コーヒーが「プエルトリコ、ハワイ、マニラの自社農園」産であることを売りにした。

しかし焙煎業者のほとんどは、焙煎するブレンドコーヒーの産地を明示する戦略はとらなかった。1897年にヒルス・ブラザーズは、なだらかに垂れた服を着たアラブ人の絵をトレードマークとし、「キャラバン」（モカ産）や「サントラ」、「ティミンゴ」（東インド産）、「サクソン」（ピーベリー）といったブランド名を使ったが、こうした名は産地がわかるどころかそれをわかりづらくするものでしかなかった。ジャワとモカだけはコーヒー豆の産地としてアメリカでもよく知られており、コーヒーを意味するカウボーイのスラング、「ジャモカ」という言葉も生まれた。アーバックル社は消費者に、「モカやジャワ、リオ産だと偽る低品質の包装済みコーヒーを買わないようにご注意ください。お粗末な手口で業者が不用心な客を欺いています」と注意を促した。[8] しかしアーバックル社のブランドであるアリオサについては、リオとサントス産のコーヒー豆を使用しているというのが一般の認識だった。1870年代半ばには、アメリカで消費されるコーヒー豆の75パーセント以上がブラジル産になっていたのである。

◉ブラジルのコーヒー

コーヒーは1727年に、フランシスコ・デ・メロ・パルヘッタがポルトガルの植民地であるブラジルにもち込んだとされている。ポルトガル人外交官のパルヘッタは、オランダ、フランス、ポルトガル植民地間の紛争を解決すべく、南米ギアナに派遣された。パルヘッタは、愛人のフランス領ギアナ総督夫人からもらった花束にコーヒーの種子を隠してブラジルに戻った。そしてそれを帰任の地であるパラに植えたが、1822年まで、ブラジルのコーヒーは砂糖と比べれば生産量はごくわずかだった。

しかしサン＝ドマングの崩壊によってコーヒー価格が上昇したため、リオ・デ・ジャネイロの南にある山岳地帯、パライバ渓谷地方でコーヒーの栽培をはじめたことで、コーヒーの運命が変わった。この地の「テラローシャ」――排水がよく赤紫色の粘土質の肥沃な土壌で、ブラジル中部から南部に広がる高原南部に見られる――が、コーヒー栽培によく適していたのだ。

とはいえ栽培技術は雑だったし、周囲の環境への配慮など考えてもいなかった。山腹の森林を刈って焼き払う焼き畑農業を行ない、コーヒーノキの苗木を植えていったのだ。土壌の流出など一切考慮しない植樹だったにもかかわらず、苗木は日光を大量に浴び、土中の養分を吸収して大きくなっていった。手つかずの自然が次々にコーヒー畑になり、生産量も増大していった。

裕福な上流層が所有する大農園（「ファゼンダ」）は奴隷を使った。奴隷はひとりで4000本から7000本のコーヒーノキの世話をする。とはいえコーヒー畑はこれといった管理がなされていたわけではなかった。収穫した実は天日で乾燥させたあと、外果皮をとってラバの背に積み、リオへと運んだ。土壌の維持管理を行なわなかったリオのコーヒー豆はカビが生えやすくて風味が乏しく、評判が悪かった。今日でも、コーヒー豆のこうした欠点に対しては「リオイ（Rio-y）」という言葉が使われている。

アメリカが1807年に奴隷の輸入を禁じてからは、北アメリカの奴隷貿易業者はブラジルの市場へと仕事の場を移し、三角貿易が行なわれた。アメリカの商品をアフリカにもち込み、それと交換に奴隷を手に入れてブラジルで売り、ブラジルでコーヒー豆を買ってアメリカにもち帰ったのだ。三角貿易は1850年頃まで続いたが、イギリスが大西洋奴隷貿易を廃止し、海軍まで動員してこれを取り締まるとともに終わった。

だがそれまでに運ばれていた奴隷（人口の約3分の1にのぼった）はブラジル経済の中心にあり続けた。南部のブラジル人コーヒー栽培者が北部から奴隷を買うことで、ブラジル国内では奴隷

コーヒーを運ぶ奴隷の水彩画。フランス人画家ジャン＝バティスト・デブレの画集『ブラジル旅行記 *A Voyage to Brazil*』（1834年）の作品。先頭の奴隷はカリンバを鳴らして皆の歩調を合わせている。

1870～1990年のブラジルのコーヒー生産量*

年（2年間の平均）	ブラジルの生産量（100万袋）	世界の生産量（100万袋）	世界の生産量に占める割合（%）
1870～71	3.1	6.6	46.9
1900～1901	14.5	18.7	77.5
1930～31	25.1	37.0	67.8
1960～61	32.9	68.9	47.7
1990～91	28.5	98.4	28.9

* Francisco Vidal Luna and Herbert S. Klein, *The Economic and Social History of Brazil since 1889*（Cambridge, 2014）, pp. 355-9のデータ

貿易が続いた。いわゆる「出生自由法」が通過したのはようやく1871年のことであり、奴隷から新しく生まれた子供は奴隷ではないことを認め、その後、1888年の「黄金法」ですべての奴隷が自由になった。

1872年にブラジルの帝政は倒れて共和制の国家に生まれ変わり、サンパウロ州の裕福なコーヒー栽培者たち「パウリスタ」が国を動かした。

●サンパウロによるコーヒー栽培の支配

パウリスタは奴隷に代えて「コロノ」と呼ばれるヨーロッパからの貧しい移民たちを使うようになった。移民たちはコーヒーの大農園で働いて賃金を得、また住居と狭い畑をもらって自給用の作物を育てた。1884年に、ブラジルは移民が渡航する際の初期費用の補助をはじめ、1903年には200万以上の移民がブラジルに到着していた。その半数以上は、土地をもらえるという約束に惹かれて来たイタリア人だったが、着いてみれば、渡航費用の代償として働く、事実上の年季契約奉公人だった。労働条件は非常に過酷だったため、イタリア政府は1902年に、移民が補助を受けてブラジルへ渡航することを禁じた。その後は、ポルトガルとスペインがブラジルへの主要なコロノ供給国となった。

この時代、コーヒー生産量は急増した。1890年には550万袋だったものが、1901年には1630万袋にまで増加している。ブラジルは1901年から1905年までの世界のコーヒー

ブラジルのサントスの港、1930年代。労働者がトラックからコーヒーの袋を降ろし、それをシュートで地下に滑り落とすと、直接船倉に入る仕組みだ。

生産量の73パーセントを占めた。その大半はサンパウロ州で生産されたものだ。この州では1900年までに5億本ものコーヒーノキが植えられた。つまり、サンパウロ州だけで世界全体で栽培されるコーヒーの半分近くを占めたのである。

生産量の劇的な増加は、次々と土地の開墾を進めたことでもたらされた。コーヒー栽培の開拓者たちはサンパウロ州を南と西へと進み、中央部の高原地帯から内陸部へと移動していった。またサンパウロから鉄道が延び、コーヒー輸送専用の路線ができたこともあって、コーヒー貿易の中心はサントスの港へと移った。

1905年の農業調査では、サンパウロの特異なコーヒー経済が浮き彫りになった。サンパウロ州のコーヒー農園労働者2万1000人のうち、65パーセントが外国出身者だったのだ。また農民の上位20パーセントが土地の83パーセントを所有してコーヒーの75パーセントを生産し、農業労働者の67パーセントを雇っていた。最大のコーヒー生産者がドイツ生まれのフランセスコ・シュミットで、彼は700万本のコーヒーノキを所有し、4000人を超す労働者を使っていた。

とはいえ、パウリスタが行なった農業は、コーヒーのみの単一作物農業というわけではなかった。コロノがコーヒーノキのあいだで作物を育てることはごく普通であったし、多くのファゼンダで混合農業［家畜の飼育と作物の栽培を組み合わせて行なう農業］が行なわれていた。サンパウロ州では、食物を自給していたのである。[9]

◉価格維持政策

世界のコーヒー市場におけるブラジルのシェアは１９０６年に頂点に達し、この年ブラジルは２０２０万袋のコーヒー豆を生産した。これは世界の生産量のおよそ85パーセントにあたる量だ。しかしこの年の大豊作によって、ブラジルはコーヒーにかかわる戦略を変更せざるを得なくなった。19世紀のあいだは、ブラジルは生産量を増加させることで収入を増大させ、卸売価格は低く抑えて需要を喚起した。しかし20世紀に入る頃、供給量が需要を上まわり、コーヒー豆の価格は１ポンドあたり13米セントから６米セントへと急落したのだ。

１９０６年にサンパウロ州政府は、ドイツ系アメリカ人の銀行家であり実業家でもあるヘルマン・ジールケン率いる銀行家やブローカーのシンジケートに金を出し、余剰分のコーヒーを買い占めさせてそれが市場に出ないようにした。１９１０年には価格は１ポンドあたり10セント以上にまで回復し、シンジケートが抱えたコーヒー豆は１９１３年末には大半が売却された。

ブラジル当局が指示したこのコーヒー豆の「価格維持政策」は、コーヒーの歴史においてとても重要なできごとだった。消費国ではなく生産国の側が売買条件を決めたのはこれが初めてだったのだ。しかしこれにアメリカは激怒し、ジールケンは１９１２年に米議会の委員会に呼びつけられた。この政策を実行しなければサンパウロで革命が起こる危険があったのだとジールケンは釈明したが、議会の共感は得られなかった。「われわれ［アメリカ］がコーヒー豆１ポンドにつき14セントも支払

コーヒー豆と石炭を蒸気機関車の機関室に投げ入れる機関助士。余ったコーヒーを減らそうとする試みの一環として行なわれた。1932年のブラジル。

うべき状況のほうが、革命よりもよほど問題だろう」という反応しか返ってこなかったのだ。[10]

　価格維持政策はその後定期的にブラジル政府によって行なわれ、世界のコーヒー市場に出まわるコーヒー豆を一定量に抑えることで、1ポンド20セント以上の輸出価格が維持された。サンパウロ州はコーヒー豆による利益を確保するための機関を設置し、これがのちにブラジルコーヒー院（IBC）となった。

　しかし1930年代の大恐慌で、ブラジルが作り上げたこの仕組みも壊れてしまった。問題は、次々と新しい農園を作ってコーヒー豆の供給量が膨れ上がったことにあった。1927年以降は毎年、大量の収穫が記録され続けており、この当時、ブラジルの収穫量だけで世界のコーヒー豆需要を越えていたのである。１９３０年にはブラジルは２６００万袋の在庫を抱えており、コーヒー価格は1ポンドあたり10セント未満に急落、その後10年間上昇することはなかった。

ＩＢＣが採った策は、ブラジル政府を絶望させるものだった。１９３１年から１９３９年にかけて大量のコーヒー豆の焼却が75回にわたって実行され、８０００万袋のコーヒー豆（世界の供給量の3年分）が煙となったのだ。あらたにコーヒーノキを植えると課税される罰則が導入され、またコーヒー豆でレンガを作ったり機関車の燃料にしたりと、飲用以外のコーヒー利用法も考案された。ＩＢＣは広告を打ち、ヨーロッパ、ロシア、日本にブラジル産コーヒーを出すコーヒーハウスを開設して、コーヒーの消費量を増加させようと努めた。

●中米

ブラジルがこうした状況に陥った原因は、コーヒー豆の生産量が膨れ上がったことだけではなかった。世界のコーヒー供給量にブラジルが占める割合が減少していたのだ。コロンビアと中米諸国――コスタリカ、エルサルバドル、グアテマラ、ホンジュラス、ニカラグア、パナマ――それにメキシコがコーヒー生産国として力をつけていた。１９１４年までは、ブラジルはアメリカのコーヒー豆輸入量の75パーセントを供給していたが、第一次世界大戦と第二次世界大戦との戦間期にはこれが50パーセント程度にまで減少した。さらに、こうした新興の国々のコーヒー豆は、アメリカとの取り引きにおいては大きな価格プレミアム［消費者が、商品の品質や稀少価値に対して支払ってもよいと思う上乗せ分」を享受していた。

このプレミアムは、中米産のコーヒー豆の品質が優れていることによるものだった。ブラジルとは違って栽培や収穫に手間をかけ、さらにはコーヒー豆に水洗式の精製工程を用いていたからだ。水洗式の精製工程を行なう水洗場「ベネフィシオ」は、栽培者と市場とをつなぐ中継点となった。大農園は自前の精製場を運営したが、小規模な生産者は通常、コーヒーチェリーをベネフィシオに売った。ベネフィシオがコーヒー栽培者に資金を貸し付けることも多く、これによって事実上、ベネフィシオがコーヒー豆の供給チェーンに組み込まれることになった。そして貸し付けによってベネフィシオ運営者の立場が強くなると、栽培者にシーズンを通して厳選したコーヒーチェリーを摘むよう要求し、高品質の熟したコーヒーチェリーを受け取れるようにしたのである。

中米諸国は輸出による外貨獲得が必要であり、まだコーヒー農園がない地域にさらに栽培を拡大させることを奨励したが、そうした地域にはすでに人が住み、高地である場合が多かった。商業用コーヒー栽培への転換を進めるためには、農地を分配して個人の所有とし、十分な報酬を払って労働力を確保して、市場が求める高品質のコーヒーを生産することが必要だった。そして通年栽培の多くは小規模農家が行ない、農地を所有している場合であれ、（契約内容はさまざまだが）土地を借りている場合であれ、家族で従事していることが多いという状況だった。[11] しかしこれでは、どこからコーヒーチェリーの摘み手を連れてくるかという問題が残った。

この問題に対しては、状況に応じたさまざまな解決策が取られた。エルサルバドルでは先住民を

彩色した伝統的な牛車（「カレッタ」）。コスタリカのこの地域では牛車は本来、コーヒー栽培者が、中央部渓谷地帯の高地から15日かけて太平洋岸のプンタレナスの港まで荷を運ぶのに使うものだった。そしてこの港からコーヒー豆はサンフランシスコへと輸送されたのだ。カレッタは2008年に、ユネスコの「人類の無形文化遺産の代表的な一覧表」に記載された。

浮浪者として取り締まる法律を適用し、彼らが所有する土地から強制的に追い出して、プランテーション・タイプの農園の労働者にした。こうした方策によって少数の人々がコーヒー栽培を寡占する状況が生まれ、この層が実質的にエルサルバドルを支配するようになった。当然さまざまな不平等が生じ、それによる紛争は20世紀が終わるまで続いた。1932年にはコーヒー農園の貧しい労働者たちの反乱が起こったものの、政府軍が何万人ものエルサルバドル先住民たちを虐殺する（「ラ・マタンサ」）という悲劇で幕を閉じた。

コスタリカでは状況が異なった。政府が土地を払い下げる法律を通過させ、先住民がほとんど住んでいない高地にある非占有地については、入植する者に所有権を認めた。こうした入植者たちはベネフィシオからの支援で独立した小規模な農園を作り、一方ベネフィシオは、多くはロンドンに本拠を置く輸入業者との信用取引［代金の決済を商品の受け渡し時点ではなく、将来のある期日に行なうことを約束して売買する取り引き］を行なって、コスタリカ産コーヒー豆の中継港の役割を果たした。

グアテマラは国際市場において中米諸国として初めて大きな実績を残し、19世紀末には世界第4位のコーヒー豆輸出国となった。自由党の大統領、バリオス将軍統治下の1870年代には外国人が広大な農園を購入することが可能になり、ル・モンドなどヨーロッパの新聞に載せた広告が外国人を惹きつけた。コーヒー栽培者は、地方長官が各村から労働者を強制的に動員できるという法律を活用し、収穫のための季節労働者を確保した。とくにグアテマラに注目したのがドイツであり、20世紀初頭にはこの国のコーヒー農園（フィンカス）の10パーセントをドイツ人が所有、収穫量のうち40パーセントを精製し、さらに輸出量の80パーセントを取り扱った。

第一次世界大戦の勃発は、ヨーロッパのコーヒー市場に壊滅的な打撃を与えた。これにより、中米のコーヒー豆輸出はアメリカに集中することになった。この少し前に、サンフランシスコのブローカーであるクラレンス・ビックフォードが、自身のバイヤーとともにコーヒー豆サンプルのカッピング［カッピングについては1章を参照］をはじめた。そしてカッピングによって、コーヒー豆の品質を決めるうえでは、（ニューヨーク取引所で行われていたように）色やサイズだけによる格付けは不適切であることが証明された。グアテマラ産のような小粒のコーヒー豆はディスカウントされていたのだが、プレミアムが上乗せされて取り引きされることになったのである。[12]

中米産のコーヒーはまずサンフランシスコの港に着き、そこから鉄道でアメリカ全土に運ばれた。しかし1914年にパナマ運河が開通すると、中央およびラテンアメリカ太平洋岸のコーヒー輸出港から、北米とヨーロッパ市場の港への船での輸送が容易になった。1913年には約1万6465トンだったアメリカの中米産コーヒーの輸入量は、1918年には約8万8587トンに達した。

●コロンビア

第一次世界大戦後、コロンビアは世界第2位のコーヒー生産国となり、1913年の6万1000トン、1919年には10万1000トン、1938年には25万6000トンと生産量が増加していった。

コーヒーをコロンビアにもち込んだのはイエズス会の宣教師たちだとされている。一部の宣教師が、自分が受けもつ先住民たちにコーヒーノキを植えるよう求め、コーヒーノキの世話をするなら毎日の告解を行なわなくてもよいと言ったのだという。コーヒーの栽培は、アンデスの3つの山脈（コルディィリェラ）［北アンデスのうち東部、中央、西部山脈］の山腹で、北から南へと広がっていった。厳しい地形のため鉄道の敷設には厖大な費用がかかることから、コーヒー豆はラバ隊がマグダレナ川やカウカ川まで運び、そこから船に積んでカリブ海の港バランキヤやカルタヘナまで運ぶか、

1970 ～ 80年代のコロンビア。山腹の傾斜地で行なわれるコーヒーチェリーの手摘み作業。コロンビアのコーヒー栽培の機械化がむずかしいことがわかる写真だ。

のちにはロープウェイに似た輸送システムを使って太平洋岸のブエナベンチュラまで運んだ。

　コーヒー豆の商業用栽培は19世紀後半に拡大した。首都ボゴタや第二の都市メデジンの商人たちは、北部のサンタンデール、中央部のクンディナマルカ、北西部のアンティオキアという3県でコーヒーの「アシエンダ」［大規模農場］に投資した。グアテマラの成功に刺激された商人たちは、グアテマラ同様のコーヒー栽培・精製技術を導入して、土壌の流出を防ぐためにシェードツリー［日陰を作るために植える背の高い木］を植え、熟したコーヒーチェリーだけを選別して摘み、水洗式の精製工程を採用した。農地制度は地域によって差はあったが、彼らはおもに家族単位でコーヒー豆の生産を行なった。サンタンデールでは分益《ぶんえき》小作［小作の一形態で、小作地の収穫物のうち一定の割合を小作料として支払う］、アンティオキアでは定額小作によって、そしてクンディナマルカでは「ラティフンディア」と言われる大農園でコーヒー栽培を行なったのである。

１９２０年代には、ブラジルの価格維持政策の影響と、コロンビア産コーヒー豆にプレミアムが上乗せされて20パーセント以上価格が上昇したことを受けて、コーヒー豆生産高は2倍になった。そしてコーヒー栽培の最前線はカルダス、トリマ、ウイラへと南下していった。コーヒーはコロンビアの総輸出量の60~80パーセントを占めるまでになったが、コロンビアのコーヒー産業は、ブラジルの大豊作と、その後の大恐慌期の価格崩壊の波をじかに受けてしまった。地主たちが契約内容を変えて栽培者たちにその損失を肩代わりさせようとしたため紛争が起こり、多くの論争が暴力へと発展した。とくにラティフンディアではそれが激しかった。

こうした危機に国が介入し、「国民の利益のために不可欠な、公的機能を遂行する私的団体」として、１９２７年にコロンビアコーヒー生産者連合会（ＦＮＣ）が設立された。[13] コロンビアから輸出するコーヒーのひと袋ごとに課された税を資金とするこの組織には、栽培者にとって「最善の利益となる」ように、コロンビアのコーヒー政策を根本から見直す権限が与えられた。ＦＮＣは会員に教育や融資、技術を提供するとともに、コロンビアコーヒーの輸出量を調整し、またコロンビアコーヒーの海外での普及を推し進めている。

幅広い権限をもったＦＮＣは、コロンビア産とブラジル産コーヒーとの価格差をうまく操作することも可能だった。１９３０年代、ＦＮＣはアメリカ市場でより大きなシェアを獲得すべく、ブラジル産コーヒーよりも高かった価格を故意に下げてその差を小さくした。そして1937年には、コロンビアはアメリカ市場において25パーセントのシェアを獲得していた。

◉アメリカ大陸諸国間コーヒー協定

大恐慌時代におけるコーヒー価格の暴落によって、ラテンアメリカの主要な生産国はこの危機を解決するために国家間の交渉をはじめ、1936年にはアメリカのコーヒー消費を推進するために「汎アメリカ・コーヒー局」が設立された。一方でブラジルのIBCとコロンビアのFNCは価格維持協定を結んだものの、すぐに失敗に終わる。ブラジルは、市場にコーヒー豆を出さずにコーヒー供給量を調節しようと努力するブラジルの施策に、コロンビアがただ乗りしていると非難した。我慢しきれなくなったブラジルが1938年に市場にコーヒー豆を放出すると、コーヒー価格は下落した。さらに1939年にヨーロッパで戦争［第二次世界大戦］が勃発したため、コーヒー生産国はなんとしても、それ以上の価格崩壊を回避する策を探らなければならなくなった。

1940年11月28日、アメリカ大陸諸国間コーヒー協定が、西半球のコーヒー生産国全14か国とアメリカによって締結された。コーヒー豆の供給を安定化させる重要性が認識されたのだ。この協定には「秩序あるコーヒー市場形成を促進するために対策を講じることが必要であり、また望ましい。需要に合わせた供給にすることによって、生産者と消費者双方にとって公平となるよう、均衡のとれた取引条件の実現を目指す」と書かれている。[14]

コーヒー生産者を代表する各国の機関はアメリカへの輸出量割り当てを交渉し、この割り当ては1941年4月に発効した。この年の年末にはコーヒー豆価格は2倍に上昇し、以後、価格は下落しなかった。

●拡大する消費

アメリカにおけるコーヒーの消費量は20世紀前半を通して着実に増加した。1946～50年におけるアメリカの年間コーヒー輸入量は、1915～20年の2倍になった。大恐慌でさえも、この増加を止めることにはならなかった。1939年にはコーヒーは家庭で毎日飲むものとなっており、アメリカの家庭の98パーセントがコーヒーを飲むと報告されている。

アメリカ国内のさまざまな社会状況がコーヒーの未来に味方した。1920年から1933年まで続いた禁酒法の時代にはカフェの数が酒場を上まわり、外で人と会うときには、アルコール類ではなく合法な飲み物であるコーヒーが飲まれた。また勤務中に軽めの昼食を摂ることが重視されるようになると、日中によくコーヒーが飲まれるようになった（ただし一番多くコーヒーを飲む場はやはり家庭だった）。

●消費者が求めるコーヒーとは?

1924年に広告代理店のジェイ・ウォルター・トンプソンが行なった調査では、主婦の87パーセントが、ブレンドコーヒーを選ぶ際に一番重要視するのはフレーバーだと答えている。しかし、「フレーバーに関するかぎり、一般の人がその違いを明確に認識するのは非常にむずかしい」[15]。

テキサスのコーヒー豆小売業者であるハリー・ロングは、コーヒーの購入者(すべて主婦とする)を次の4つのタイプに分類し、全員に「おまかせブレンド」をアピールすることを思いついた[16]。

「コーヒーについて知らないことはない」という自負があり、自分の洗練された口に合うものが見つからないと思っているタイプ——「おいしいコーヒーならば食事もおいしくなる」。テーブルの隅に載るコーヒーポットが、夕食を楽しめるかどうかを決めるポイントだ。コーヒーがなんらかの理由で——おそらくはコーヒー自体の欠点だろう——「少々まずい」のであれば、思っていたほど食事はおいしくないし楽しめない。だが「味覚に合った」コーヒーであれば、食事は最後までおいしく味わえる。うまく「食事を楽しむ」ことができていないようなら、自分に合う「おまかせブレンド」を用意しよう。

結婚数か月の主婦で、コーヒーについてはほとんど知識がないが、夫婦ともに「これで決まり」と思えるおいしいブレンドを見つけたいと思っているタイプ——毎朝の一杯のための「上手なコーヒー選び」は、「おまかせブレンド」を注文すれば即解決するだろう。コーヒー選びが長きにわたってうまくいかない家庭は多く、それはもちろん「おまかせブレンド」のことを知らなかったからであるし、知ったとしても、飲んでみなければ「おまかせブレンド」がどのようなものであるかはよくわからない。店で、手始めに1ポンド注文してみようと言われることが多いのはこのためだ。

いま飲んでいるコーヒーに満足しているタイプ――コーヒーを飲みたいときに「おまかせブレンド」を淹れるのが「賢いやり方」。「おまかせブレンド」にすれば多くの手間が省ける。いつもフレーバーと濃さが一定なので心配がない。「おまかせブレンド」の注文を受けたら、客のパーコレーターやコーヒーポットに合わせて細挽きや粗挽きにしてくれるため時間の節約になる。「おまかせブレンド」は出費も抑える。毎回一定量のコーヒーを淹れるのに必要な分量がわかっているため、無駄が出ないからだ。

使用人がいる家庭――「自分が飲んでいるコーヒーの名を言えるだろうか？」それとも、家の料理人が注文して店から配達される、名もわからないコーヒーだろうか？　料理人に注文させてみよう。これというブレンドが決まっていればいいのだが、今飲んでいるのが正体不明のブレンドだとしたら、それよりも「おまかせブレンド」のほうがいいと言おう。「おまかせブレンド」にはほかのどんなブレンドにもまさる点がひとつある。焙煎したてということだ。さあ、台所を預かる使用人に、注文するなら「おまかせブレンド」を、と言おう。

ロングの宣伝文句は、消費者がコーヒーの品質について自信がないことにつけこんだものだった。当時は、出されたコーヒーを飲めばその家のことがわかると思われていた。だからロングは、自分の家で飲んでいるコーヒーの品質は大丈夫だろうかという消費者の不安をあおったのだ。「正しい品質のコーヒー」を、家庭の平和には欠かせないものとしてアピールしたわけだ。「うまくいかない家庭」で生活したい新婚の主婦などいないだろうから。

●ブランドと広告

１９３０年代末には、焙煎済みコーヒーの90パーセント以上が、すでに計量され、トレードマーク付きの袋に詰めた状態で購入されていた。コーヒーのブランドは５０００を上まわったが、３大ブランド――Ａ＆Ｐ、マクスウェル・ハウス、チェイス＆サンバーン――で市場の40パーセントを占めていた。これらブランドが市場を支配したのは、購入者の半分以上が、Ａ＆Ｐが運営するような食品雑貨チェーンの店を利用することも理由のひとつだった。１９２９年には、マクスウェル・ハウスとチェイス＆サンバーンはそれぞれゼネラルフーズ社とスタンダード・ブランド社に買収されており、この2社はその資金力で、自社ブランドが必ずスーパーマーケットの目立つ場所に並ぶようにした。

コーヒー製造業者は、戦間期に発達したマスメディアを利用して説得的コミュニケーションをはじめた。たとえば食品雑貨を扱う雑誌に出したマクスウェル・ハウス・コーヒーの広告では、このコーヒーを提供していたマクスウェル・ハウスという名の高級ホテルでコーヒーを飲んだテディ・ルーズヴェルト大統領が言ったという、「最後の一滴までおいしい」という誉め言葉が使われた。

1933年にはラジオのバラエティ番組のスポンサーになって「マクスウェル・ハウス・ショーボート」がはじまり、これがまもなくアメリカで一番人気の番組となった。この番組に登場するハリウッドのセレブたちは音楽や演目のあいだに司会者とコーヒーをすすりながらおしゃべりをし、「（ショーボートの）乗船券はマクスウェル・ハウスのコーヒーを飲むこと」なのだと聴取者に伝えた。このショーがはじまってから1年もしないうちに、マクスウェル・ハウスの売り上げは85パーセント上昇している。[17]

大手焙煎業者が放つメッセージの多くは、ロングの宣伝文句があぶり出したコーヒーにまつわる不安に訴えかけるものと同じだった。チェイス&サンバーンは、おいしいコーヒーを出せない妻を夫が責めたてている広告を定期的に打った。こうした広告には、これを見た人たちに、店頭に並んだ「日付」が打たれた真空パックの商品にすれば、新鮮なコーヒーが買えるのだと伝える教育的な側面もあった。そしてこの時代にさえ、コーヒー豆加工業者の草分けであるヒルス・ブラザーズ社は、「コーヒーは完璧な状態でお客様のもとに届きます。私たちの仕事はそこまでです。お客様がこれを理解し同意していただかなければ、私たちの努力とお客様のお金は無駄になります」と、免責事項を添えていた。[18]

●第二次世界大戦と終戦後

アメリカの第二次世界大戦参戦によって、1942年から1943年までと短期間ではあったが食糧は配給制となり、戦時中のこうした経験でさらにコーヒー人気は増した。
士気を高めることの大切さがわかっていた将校たちが奨励したため、とくにコーヒーをよく飲んだのが兵士たちだった。南北戦争と同様、飲めば気持ちが高ぶったり楽になったりし、コーヒーは単調な生活の救いだったようだ。戦後まもない時期に行なわれた海軍の調査では、海上にいる水兵は市民の2倍のコーヒーを摂取し、また陸地にいる場合でも国民の平均の1・5倍のコーヒーを飲んだとされている。[19]
軍需産業の現場にもコーヒーを飲んで休憩する「コーヒーブレイク」が新しく導入され、労働者たちの生産性は上がった。「コーヒーブレイク」は軍部全体で行なわれるようになり、この習慣は戦後の市民生活にも広がって、1950年代半ばにはおよそ60パーセントの工場がこれを採り入れていた。これほど普及したのは、汎アメリカ・コーヒー局が、職場のコーヒーブレイクを大々的に宣伝したのも一因だった。さらに汎アメリカ・コーヒー局は「運転中にもコーヒーブレイク」と呼びかけ、急速に車社会となりつつあるアメリカにおいて、コーヒーを飲めば運転時の注意力を保てると訴えた。
1954年冬の調査では、消費者は平均して1日2・5杯のコーヒーを飲むという結果が出ている。2杯は家で――通常は朝食や夕食時に――飲み、あとの0・5杯はカフェやレストラン、職場で飲む。都市の住民は1日平均2・8杯、地方では2・3杯のコーヒーを飲んでいたが、消費量がもっとも多かったのは中西部の農場地帯だ。これは、この地域の住民の多くがスカンジナビア半

ダイナーで客にコーヒーを注ぐウェイトレス、1941年のアメリカ。アメリカのコーヒー「カップ・オブ・ジョー」は、ドリップ式マシンを使って淹れ、冷めないようにそれをホットプレートに置いて、お代わり自由で提供するものだった。

島出身だったためと思われる。

◉ひとつの時代の終わり

第二次世界大戦直後、アメリカの10歳以上の国民ひとりあたりの年間コーヒー消費量は8・6キロを超え、ピークに達した。ラテンアメリカは世界のコーヒー生産量の85パーセントを占めていたが、その70パーセントはアメリカに輸出され、アメリカの全家庭でコーヒーが飲まれていたといってよい。「カップ・オブ・ジョー」——1930年代に初めて登場した言葉で、つまりは「ごく普通のコーヒー一杯」——を飲むことが、アメリカの社会にしっかりと根を下ろしたのである。カップ・オブ・ジョーとは、コクがなく、フレーバーも弱く、食事に添えて出すかなりたっぷりの量のコーヒーのことだ。ブラジル産コーヒー豆の特徴のなさをベースとした味であり、パーコレーターで淹れ、しかもアメリカの主婦はコーヒーの量をけちる傾向があったことから、抽出しすぎの薄いコーヒーだった。

しかし1950年代末になると若い世代はソフトドリンクを多く飲むようになり、アメリカのコーヒー消費量は明らかに減少しはじめた。そしてそれまで最大の消費地であった北アメリカを、ヨーロッパが追い越そうとしていた。一方ラテンアメリカの生産者たちは、アフリカとアジアのコーヒー産地が安価なロブスタ種の栽培をはじめたことで、ふたたびコーヒー豆の供給過剰による価格低下に苦しむようになった。今やコーヒー豆は、世界で広く取り引きされる国際商品となっていた。

第5章 ◉ 国際商品

コーヒーは20世紀の後半に国際商品となった。アラビカ種よりも病気に強いロブスタ種を植樹し、アフリカおよびアジアにおけるコーヒー豆生産が復活したことが主因だ。ロブスタ種は安価なため、あらたにコーヒーを飲むようになった人々も毎日飲むことができ、またロブスタ種の登場はコーヒーの味と飲み方を劇的に変えることになった。また、世界のコーヒー市場を規制する国際的な制度ができたものの、価格変動から生産者を守ることはできず、20世紀末のコーヒー危機では最悪の事態が生じた。

◉ロブスタ種とアフリカの復活

さび病で枯れたアラビカ種に代えて、ベルギー領コンゴ産のロブスタ種が、20世紀初頭にオランダ領東インドにもち込まれた。そして１９３０年代には東インド諸島産のコーヒーの90パーセン

スマトラ島のロブスタ種のコーヒーノキ、1924年。オランダ人所有のプランテーションでゴムの木の陰に植えられている。

トがロブスタ種となっていた。アメリカの焙煎業者はロブスタ種に飛びついた。自社のブレンドはジャワやスマトラ産コーヒー入りだと宣伝できたからだ。しかし第二次世界大戦とその後のインドネシア独立戦争［第二次世界大戦後に独立宣言したインドネシア共和国とオランダとの戦争（１９４５～49年）］によってインドネシアのコーヒー生産量は大きく落ち込み、同国がふたたび世界最大のロブスタ種生産国となるのは、１９８０年代になってからのことだった。

　ところでモカの衰退以降すっかり忘れ去られていたアフリカは、ロブスタ種の栽培によって、世界のコーヒー経済における主役の座に戻ってきた。１９１４年には世界のコーヒー生産量に占める割合がわずか２パーセントだったアフリカ大陸は、１９６５年には23パーセントまで増加させていた。[1]このときのアフリカの生

ナチュラル方式で天日乾燥させているコーヒーチェリー。コートジボワール。

10年ごとのコーヒーの主要生産国*

1960年代	1970年代	1980年代	1990年代	2000年代	2010年代
ブラジル	ブラジル	ブラジル	ブラジル	ブラジル	ブラジル
コロンビア	コロンビア	コロンビア	コロンビア	ベトナム	ベトナム
アンゴラ	コートジボワール	インドネシア	インドネシア	コロンビア	コロンビア
ウガンダ	メキシコ	メキシコ	ベトナム	エチオピア	インドネシア
コートジボワール	インドネシア	コートジボワール	グアテマラ	インド	エチオピア
メキシコ	エチオピア	エチオピア	インド	メキシコ	インド

＊1965/6年から2016-17年までのICOデータ。1960年代は1965-6年から1969-70年まで、2010年代は2010/11年から2016/17年までのもの。

産量のうち75パーセントはロブスタ種であり、おもに西および中央アフリカの旧フランス領とベルギー領、それにウガンダとアンゴラで栽培されていた。

1939年には1万6000トンを下まわる生産量だったコートジボワール（アイボリーコースト）は、1958年には11万4000トンに増加した。1960年のフランスからの独立以降は急速に生産量が拡大し、1970年に27万9500トンに達すると、その後の20年、この生産量が減少することはなかった。1970年代、コートジボワールは（ブラジル、コロンビアに次ぎ）世界第3位のコーヒー生産国であり、ロブスタ種の主要輸出国となった。この躍進は、コートジボワールの初代大統領フェリックス・ウフェ＝ボワニの施策によるものだった。

コーヒー農家だったウフェ＝ボワニは植民地時代に、フランス人のプランテーション所有者がもつ特権に反対する運動を行なった。とくに強く反発したのは、フランス人に認められたコートジボワール人に対する強制労働制度だ。こうした特権が廃止されると、コートジボワールの人々は以前より効率のよい栽培が行なえるようになった。独立後、ウフェ＝ボワニは国民に、「竹の小屋で無為に暮らす」のではなく、良質のコーヒーを栽培して「裕福に」なろうと訴えた。[2] ウフェ＝ボワニはフランス統治時代の「コーヒー価格安定基金」を「生産者価格安定化基金」として継続させ、コーヒー産業の全工程における売買価格を決定し、また生産者と精製業者や輸出業者とをつなぐものにした。それまでコーヒー豆の取り引きは民間が行なう状態が続いてきたが、政府が価格保証することで栽培者を守り、そして国中央部森林地帯の未開拓地での生産を奨励することにした。

安定化基金制度はアフリカの旧フランス領ほぼすべてで利用されていた。基金は輸出業者の利益に対する課税を原資とし、コーヒーの国際価格が高い時期には保証価格との差額を備蓄して、国際価格が低い時期にそれを生産者に還元し、また生産性向上や農業の多様化のために投資を行なうものだった。この基金はコートジボワールではかなりうまく機能し、平均すると、1974年から1982年までのあいだ、農民はコーヒーの国際価格の70パーセントを受け取ったことになる。しかし、経済関連以外の政府計画を実行する資金を捻出するために、国内の生産者に還元する金額を低く抑える国が多く、また基金が組織腐敗の温床となるケースも頻繁にあった。

旧イギリス領では、植民地当局が導入したマーケティングボード（流通公社）を継承した。精製加工したコーヒー豆をマーケティングボードが購入したうえで輸出し、受け取った為替を国に戻すのである。さらに、マーケティングボードはコーヒー豆の仕分けと等級付け、ブレンドも手がけた。そして、プレミアムがつくコーヒーを生産した農家には高い単価で支払った。

ケニアでは白人入植者が——もっとも有名なのがカレン・ブリクセンだ——20世紀初頭にコーヒー農園を開設した。白人農園主たちはアラビカ種を植えたが、品種については、エチオピア原産のティピカではなくブルボンを採用した。エチオピア産コーヒーが花のような、柑橘系のフレーバーを有するのに対し、ケニア産のコーヒーの多くがジャムのような、ブラックベリーのフレーバーをもつのはこの品種の違いのせいでもある。1950年代のマウマウ団の反乱［イギリスの植民地主義に反抗して起こった運動］後には農業改革が導入され、家族保有の土地で自給農業を行なうだけではなく、現金作物、とくにコーヒーノキを植えることが生産者に推奨された。1963年の独立以降も、ケニア政府はコーヒー・マーケティングボードが主導するオークション制度を残し、このオークションで輸出業者がコーヒーの性質に応じて等級付けしたロットを購入すると同時に、栽培者は自分が生産したコーヒーの等級の平均価格を受け取った。つまり、栽培者は自ら生産したコーヒー豆の品質を評価されるようになったわけだ。これに対し独立したばかりのタンザニアでは、コーヒー・マーケティングボードが販売したのは、等級ごとに分けずひとつにまとめたコーヒー豆だった。このためタンザニアのコーヒー豆は急速に評判を落とし、ようやく挽回しはじめたのは各種の改革を行なった1990年代半ばからである。

一方、ウガンダはロブスタ種の生産量ではトップとなり、1940年代後半に3万1000トンだった生産量は、1962年には独立したこともあって11万9000トンに増加した。1969年にはついに24万7000トンとなった。その大半は小農家が、ヴィクトリア湖周辺の肥沃な地域を中心とする小規模な畑で栽培したものだった（めずらしいことに、ウガンダのコーヒー生産者はロブスタ種の豆に水洗式の精製処理を行なって品質を上げていた）。しかしコーヒー豆の生産量は1970年代半ばから下降をはじめる。独裁者のアミン大統領が行なった数々の悲惨な政策、およびその後の10年間にわたる政治的・軍事的な不安定のためである。コーヒー・マーケティングボードは肥大化した官僚機構となってしまい、コーヒーは同国の輸出収入の90パーセントを占めるまでになっていたにもかかわらず、農家に還元するのは市場価格の20パーセントにも満たなかった。[3]

ケニアでコーヒーの生豆のサンプルを等級付けしているところ、1980年代。1963年の独立後は、厳しい品質管理によってコーヒーを大きな外貨獲得の手段とした。自国で栽培、焙煎したケニア産コーヒー豆を国内で購入できるようになったのは2002年以降のことだ。

◉インスタントコーヒー

コーヒー豆の余剰分をもてあまし、ほかに使い道がないかと苦慮していたブラジル当局は、1929年に、スイスの多国籍食品製造企業であるネスレに対し、ブイヨンキューブならぬ保存可能な「コーヒーキューブ」の開発をもちかけた。ネスレの研究員だった科学者のマックス・モーゲンタラー率いるチームが、口あたりがよく水に溶けるコーヒーの開発にたどり着いたのはその7年後である。[4]

抽出したコーヒー液を噴霧乾燥させたネスカフェは1938年に発売された。ヨーロッパで戦争が勃発したために生産はアメリカでのみ行なわれ、アメリカでは、軍部で使用するため、戦争開発局がその製品をほぼすべて購入した。ネスカフェは、GI（アメリカ陸軍兵士）たちのバックパックに詰められ、また戦争終結時に送られたCARE（対欧送金組合）の荷のひとつとしてヨーロッパに里帰りした。そして1965年には、高級ブランドとして、ビン入りのフリーズドライ「ネスカフェ・ゴールドブレンド」が発売された。

アメリカの主要な焙煎業者たちもソリュブルコーヒー［湯や水に溶けるコーヒー］の生産をはじめた。マクスウェル・ハウスが発売したコーヒーは、1953年にアメリカにおいてネスカフェの販売量を上まわった。10年経つ頃には、ソリュブルコーヒーはコーヒー市場の20パーセントを占めるようになり、おもに食品雑貨部門の低価格商品という位置づけとなった。ネスカフェ同様、こう

「まあ、焙煎仕立てのコーヒー豆みたいだわ」。ネスカフェの広告。ガラスのビン入りで売り出された当初の広告の一例。

と、一地方や地域で事業を行なう焙煎業者は姿を消し、スーパーマーケットが市場を席捲《せっけん》した。スーパーマーケットは、いたるところで目にするブランドのコーヒーを置くものだ。それは、「全国規模」で事業展開する焙煎業者が豊富な予算のもとに制作したコマーシャルをテレビで流し、消費者の目に焼き付いた商品だった。社会の階層を問わず同じコーヒーを同じように飲むことで、それが、日々の生活に見られる「国民性」とされるようになったのである。

●ドイツ

ドイツは1871年の統一後にヨーロッパ最大のコーヒー市場となった。20世紀初頭には、ドイツ全土のあらゆる階層の人々が日々コーヒーを飲むようになっており、家庭では、パンやジャガイモの朝食や夕食に添えて温かいコーヒーが飲まれた。ただし代用品も多かった。1914年の本物のコーヒー豆消費量は18万トンだが、同時に16万トンの代用コーヒーも飲まれていた。[7]

ドイツでは「カフェクラッチ」というコーヒーの楽しみ方も生まれた。これはコーヒーとケーキを摂りながら、女性たちが午後のおしゃべりをする集まりだ。大都市ではコーヒースタンドが繁盛し、出勤途中や仕事中に休憩を取る労働者がコーヒーを買った。日曜日の家族の集まりでは「最高の」コーヒー――代用品ではなく本物のコーヒー豆を使ったもの――を淹れ、夏の午後には近所の公園のカフェに出かけるのが一番の楽しみとなった。こうした店の一部では熱湯も販売し、裕福でない客が自宅からもってきたコーヒーをその湯で淹れることができる場合もあった。

ハンブルクはヨーロッパの主要なコーヒー輸入港となった。輸入されたコーヒーのおよそ90パーセントがラテンアメリカ産であり、多くはドイツ移民による企業が作り上げた流通網を介して輸送されたものだった。[8] 1887年にハンブルクに設立されたコーヒー取引所は、20世紀に入る頃には、輸入業者、ブローカー、商人からなる約200人もの会員を抱える組織に成長した。倉庫で働く女性たちはコーヒー豆の荷の等級付けと仕分けを行ない、港に設置されたコーヒー専用「郵便箱」にコーヒー豆のサンプルを入れた。そこからコーヒーは鉄道で、全国の多数の卸売業者や食品雑貨店のもとへと運ばれていった。

1880年代にはファン・グエルペン、レンジング、それにラインラント［ドイツ西部、ライン川沿岸部］に本社を置く焙煎機製造会社で、のちにプロバット社となるフォン・ギムボーンがドラム式焙煎機の生産をはじめた。こうした焙煎機を使用して卸売業者によるコーヒー豆焙煎事業がはじまり、地元の食品雑貨店に量り売りの焙煎済みコーヒー豆を供給した。おもに地域の市場向けに焙煎業者が販売する、独自ブランドのコーヒー豆が定着するのはこのあとのことだ。

こうした例にあてはまらないのがカイザース・カフェといった大規模直販業者によるブランドだった。カイザース・カフェは自前の食品チェーン店をもち、第一次世界大戦直前には1420店舗を擁していた。またブレーメンに本社を置き通信販売事業を展開するエドゥショーは、1930年代にドイツ最大の焙煎業者となった。第二次世界大戦直後の時代には、1949年にハンブルクでコーヒーの通信販売会社として設立されたチボーが西ドイツのトップ焙煎業者となり、1950年代から60年代にかけて小売り販売店のチェーンを構築した。チボーの小売店では、店内でコーヒーを試飲後、家庭用にコーヒー豆を購入することが可能だった。1970年代にチボーはパン屋やスーパーマーケット内での販売にも進出し、1997年にはチボーとエドゥショーが合併した。

ドイツでは、フィルターで淹れるコーヒーが好まれるようになっていった。1908年、ドレスデンの主婦であるメリタ・ベンツが、孔の開いた真鍮《しんちゅう》製フィルターポットに濾紙《ろし》を敷く新しい淹れ方を提唱した。メリタは、息子が学校で使っていた吸い取り紙で実験してこの濾紙を開発したと言われている。それまでフィルターを用いる場合は、布製のものを使ってコーヒーを漉し、これを洗って再使用していた。しかしメリタの濾紙を使えば、濾紙ごとコーヒーかすを捨てればよいだけだ。メリタの夫が妻の名を付けた会社を設立するとすぐに軌道に乗り、1930年代にはしっかりと足場を固めていた。今やだれもが知っている円錐形のフィルターとペーパーを採り入れたのはその頃のことである。

●北欧諸国

北欧諸国もこの地域独自のコーヒー文化を発展させた。寒いときに体を温めてくれるというコーヒーの利点と禁酒運動とが相まってコーヒー文化が発展するのだが、コーヒーをアルコールに代わる飲み物として推奨した教会もこれに大きくかかわっていた。デンマークとスウェーデンのひとりあたりのコーヒー消費量は、1930年代にはすでにアメリカを上まわっていた。1950年代にはフィンランドのひとりあたりの消費量が世界最大となり、それにノルウェーが肉薄していた。

1950年代、スカンジナビア半島北部に住むトナカイ遊牧民のサーミ人は、1日に12杯ものコーヒーを飲んでいた。朝、男たちは家を出る前にコーヒーを飲んで体を温め、女たちは、夫が帰ってきたことを告げる犬の鳴き声を聞くと新しいコーヒーを淹れた。そしてコーヒーを飲むことはサーミ人の歓迎の儀式には欠かせないものとなった。訪問した客には少なくとも2杯のコーヒーが出され——客はこれを飲まなければならない——1日にコーヒーを20杯も飲むはめに陥ることもあった。[9]

都市部でもコーヒーにかかわる習慣と儀式が生まれている。スウェーデンでは19世紀後半に、家族や友人、職場の同僚と一緒にコーヒーを飲みケーキを食べる「フィーカ」という習慣が広まった。この習慣はスウェーデン文化において重要な位置を占めているため、今も、難民としてスウェーデンにやって来た人々にしっかりとフィーカについて教えるほどだ。デンマーク語には、子供を産む女性とそれに付き添う助産師のために淹れるコーヒーを表す特別な言葉がある。またフィンランドの労働法規には、平日の労働時間中にコーヒーブレイクを取ることが正式に定められている。[10]

北欧諸国では浅煎りのコーヒーが好まれる。焙煎業者は浅く煎るスタイルを崩さず、それが国民の好みにも反映されている。フィンランドの大手焙煎業者であるパウリグは、1920年代に、民族衣装を着た若い女性がポットからコーヒーを注いでいるイラストをパウリグ・ブランドの製品に配した。1950年代以降は、パウリグはこの若い女性を少女パウラと名付け、パウラに選ばれた女性は公共の場などでパウリグ・ブランドを宣伝する。

50年以上にわたって、「本物」の少女パウラがおいしいコーヒーを銅製ポットで提供している。写真は、1962年から1969年までポットを手にした三代目パウラのアニヤ・ムスタマキ。

◉イタリア

イタリアはエスプレッソという抽出方法を生み出し、ヨーロッパのなかでも独特のコーヒー文化を進化させた。[11]アルコール類を手早く作ってすぐにカウンター越しに客に出す高級市場向けのカクテル・バーが広まったことで、イタリアのサービス産業では、同じようにコーヒーをすばやく客に出したいという声が高まった。そこで、コーヒーを淹れる工程で圧力をくわえてみると抽出時間が短縮され、店の客ひとりひとりに「特別に」できたてのコーヒーを淹れることが可能になった「「エスプレッソ」という名は、イタリア語の

「特別に」、「あなただけのために」という意味をもつ動詞から生まれたという説もある」。1905年にミラノで製造されたラ・パボーニ社のイデアーレが、初の商業用エスプレッソマシンだ。このマシンにはボイラーが組み込まれ、その蒸気圧によって熱湯を抽出口（「グループヘッド」）上に固定されたコーヒーに押し出した。圧力は比較的低く（1・5から2気圧）、コーヒーを淹れるのに1分ほど要したが、フィルターで淹れたコーヒーよりも味が凝縮されたものができた。ヨーロッパの高級ホテルは、バール［イタリアの軽食喫茶店。カフェバールなどさまざまな形態のものがある］のカウンターに、この大型で非常にゴテゴテとしたエスプレッソマシンが置かれているところも多かった。一方イタリアのファシスト政権はコーヒーに対して「外国の贅沢品」であるという厳しい目を向けたため、一般のイタリア人が飲んでいたのは、多くは代用コーヒーだった。

しかし、1948年以降はエスプレッソも大きく変わった。アチレ・ガジアが新しいエスプレッソマシンを開発したのだ。このマシンはバネで動くピストン式レバーを使用し、このレバーを上下させて湯をコーヒーに吹きかけた。このマシンによって気圧が高くなり（約9気圧）、抽出時間はずっと早くなった（約25秒）。そして抽出したコーヒーには、表面にコーヒー豆の油分が生んだ泡（「クレマ」）が浮かぶ。さらには、ファエマをはじめとする製造業者がピストン式レバーに代えて電動式ポンプを使用し、セミオートマチックのエスプレッソマシンを導入した。現在のバールでは、見た目も味も、家庭ではまねができないようなコーヒーを出す。同じことがカプチーノにも言え、本来はミルクを入れたコーヒーであるカプチーノは、現在ではもっぱらスチームドミルク［蒸気で温

イタリアのローマ、1957年。バールでガジアのエスプレッソマシンを使っているところ。まず高圧をかけることでエスプレッソの表面にコーヒー豆の油分が浮く。これは「クレマ・カフェ」と名付けられ、マシンの前面にもこの名が付けられている。

めた牛乳」をくわえたエスプレッソのことを意味し、これはバールでしか飲めない。

現在のようなコーヒー文化がイタリアに登場したのは1950年代から60年代にかけてのことだ。工業化と都市化によって、小規模な工房や、田舎から都会へと出てきた人たちが住む団地の近隣にカフェバールが増加した。短時間でコーヒーを淹れてもらえるバールは、出勤前や休憩時間にカプチーノを1杯飲むのにはうってつけの場所だった。やがてそうした店ではコーヒーを立って飲むことが普通になる。この飲み方が広まったのは、「サービスなしのコーヒー1杯」——つまりはカウンターで立って飲む——に上限価格を設定することを地方議会に認めた1911年の法律の影響が大きい。インフレ抑制のためにこの上限価格は低く設定されていたため、チェーン展開する企業にとって、カフェバール部門は魅力的な事業とはならなかったのである。

エスプレッソは抽出時にフレーバーをぎゅっと濃縮させるため、安価なコモディティコーヒーの豆を大量に使用しても問題にならないという大きな利点がある。第二次世界大戦後、ブラジルは等級の低いサントス［ブラジルのサントス港から出荷されるコーヒー豆］の在庫をイタリアに売り、またイタリアの焙煎業者は安価なロブスタ種を使用するようになっていたため、濃く、クレマが目を引くコーヒーは好都合だったのである。

1955年から1970年のあいだにイタリア国内のコーヒー消費量は2倍になり、ビアレッティ社が作った、直火式で八角形のアルミニウム製コーヒーマシン「モカエキスプレス」はイタリアのどの家庭にも見られるようになった。パーコレーターと同じく直火にかけてコーヒーを抽出するモカエキスプレスは、下部で沸騰させた湯を蒸気圧で押し上げてコーヒーに通し、上部の抽出部に集める。このマシンは、「バールと同じ」コーヒーができるというのが宣伝文句だった（もっともクレマは作れないのだが）。

1960年代には、イタリア全土に名を知られるような大手のコーヒー生産者も登場した。ピエモンテのラヴァッツァ社だ。漫画のキャラクターが動きまわるという革新的なテレビコマーシャルを流したことにくわえ、イタリア全土の多数の食品雑貨店を網羅する大規模な流通システムを構築したことがその成功要因だった。ルイジ・ラヴァッツァがトリノの食品雑貨店でコーヒーの焙煎をはじめてから100年後の1995年、同社はイタリアの「家庭用」コーヒー市場で45パーセントのシェアを獲得していた。

●中央ヨーロッパ

ウィーンのコーヒーハウスは20世紀初頭にその人気が頂点に達した。これは、「世紀末《ファン・ド・シエクル》」ヨーロッパの特徴である文化と消費の民主化と連動していた。1902年のウィーンにはおよそ1100軒ものカフェがあり、中流階級の幅広い層に人気だった。また、労働階級向けの居酒屋も4000軒を超えていた。[12]

コーヒーハウスにはだれもが入りやすい。このことは、ウィーンに住むユダヤ人など、オーストリア社会でいまだ偏見をもたれていた人々に支持される重要なポイントだった。ウィーン世紀末文学を代表する「青年ウィーン派」には多くのユダヤ人作家がいるが、このサークルが会合をもっていたのがカフェ・グリーンシュタイドルだ。カフェ・ツェントラルにはレフ・トロツキーはじめ社会主義思想家が多く集まった。こうしたグループは店に来るなり「シュタムティッシュ」を占領してしまう。これは、一日中店にいる常連客のための予約席だ。コーヒーハウスの給仕はおもに男性で、その上に「ヘルオーバー」と呼ばれる執事長がおり、つまりは悪い評判の店とは一線を画する場だったのである。女性客も歓迎されたものの、店内は暗く、客は多くが男性であるため、女性は菓子店とカフェを併設した「カフェ・コンディトライ」に女性同士で行くことを好んだ。

コーヒーハウス現象はオーストリア・ハンガリー帝国全土に拡大し、ブダペストでは、1930

ハンガリーのブダペスト、2006年。修復されたニューヨーク・カフェ内部。1894年創業のコーヒーハウスだ。

年代はじめにはおよそ500軒のコーヒーハウスが営業しており、なかでもとりわけ美しかったのが、1894年創業の「ニューヨーク・カフェ」だった。

アドリア海に面した港湾都市であるトリエステはヨーロッパの主要なコーヒー受け入れ港となり、第一次世界大戦後にイタリア領となったあともそれは変わらなかった。ハンガリー（現在はルーマニア）のティミショアラ）の家庭に生まれたフランチェスコ・イリーが第一次世界大戦でオーストリア・ハンガリー軍に従軍したのちトリエステにとどまり、1933年にはじめた焙煎事業をイタリアの大手コーヒー焙煎会社へと成長させたのも、この地がコーヒー豆集積港だったためだ。

1862年にウィーンで植民地の産

物を取り扱う店をはじめたユリウス・マインルは焙煎会社を設立した。息子のユリウス・マインル2世の指導力のもと、この焙煎会社は中央ヨーロッパ最大のコーヒー供給会社に成長し、1928年にはオーストリア、ハンガリー、チェコスロバキア、ユーゴスラヴィア、ポーランド、ルーマニアに353店もの食品雑貨店をもつまでになった。反ナチ主義者として著名でありユダヤ人と結婚したユリウス・マインル3世は、1938年に家族をロンドンに移住させたが、戦後になって帰国しマインル社の経営を立て直した。

オーストリアのコーヒーハウスでは、コーヒー飲料のメニューが大きく増えた。ブラックにくわえ、ブラウンやゴールド、それに「メランジェ」（混ぜたもの）が登場した（ミルクとコーヒーの割合で区別された）。さらに難解な名をもつコーヒーもあった。「一頭立て馬車」はグラスに注いだブラックコーヒーに泡立てたクリームを大量にのせたもの。「シュペルバー・トゥルク」は角砂糖と一緒に煮立てた2杯分のトルココーヒーで、これを初めて飲んだのは有名な弁護士だったという。[13] しかし1950年代以降にエスプレッソマシンがウィーンのコーヒーハウスにあっという間に広がると、メランジェとカプチーノはほぼ同じものになった。

その他の中央ヨーロッパでは、コーヒー文化が社会主義と折り合わざるを得なかった国もあれば、社会主義がコーヒー文化に歩み寄った場合もあった。チェコスロバキアをはじめとする国々で飲まれている「スタンダード・コーヒー・ブレンド」は、世に知られている誕生の経緯や裏話に怪しげな点が多い。たとえば1977年には、東ドイツが通貨危機に対応してカフェ・ミックス――焙煎したコーヒー豆を焙煎した豆やライ麦、サトウキビと混ぜて挽いたもの――を作ったという。ハンガリーでは、この国に根付いたコーヒー文化を容認するものとして、各地に「エスプレッソ」バーがあったそうだ。だがニューヨーク・カフェをはじめとするブダペストのコーヒーハウスが本来の輝きを取り戻したのは、１９８９年以降のことだった。東および中央ヨーロッパのコーヒー消費量は、１９８９年のベルリンの壁崩壊以降、急増している。

●日本

20世紀が終わる頃には、世界のコーヒー取り引きにおいて、ヨーロッパと北アメリカ以外の地域の消費者市場が大きな存在感を放っていた。便利な製品の登場でこれに拍車がかかったところが大きく、多くの国々にすばらしいコーヒー文化が生まれ、今も続いている。

この最たる例が日本であり、今日では世界第3位のコーヒー輸入国となっている。コーヒーが日本に初めてもち込まれたのは17世紀後半で、オランダ東インド会社によるものであり、長崎に作られた出島でのみコーヒーは飲まれた。江戸時代の「鎖国制度」によって、唯一外国との貿易を行なえる場が出島だった。出島の遊女も、この時代にコーヒーを飲めた数少ない日本人だった。遊女たちは、コーヒーを飲めば眠気に襲われず、客に代金を踏み倒されることがないと重宝した。[14]

コーヒーが日本の一般社会に入ってきたのは19世紀後半の明治維新後のことだった。１８８８年には、明治時代の実業家である鄭永慶《ていえいけい》が可否茶館《かひいちやかん》を創業。これは鄭がニューヨークとロンドンで入ったコーヒーハウスをモデルにしたものだった。この茶館はそうした上流階級向けのクラブを参考にしており、革張りの肘掛け椅子、絨毯《じゅうたん》、新聞、ビリヤード台や十分なライティングデスクが備えられていた。残念ながら、一杯のコーヒーでこうしたサービスすべてを提供することは事業としてたちゆかず、鄭永慶は破産し、無一文のまま亡くなった。

その後、より利益を重視した事業が生まれた。20世紀初頭には水野龍《みずのりょう》が「喫茶店」(給仕がコーヒーを出す店)のチェーンであるカフェ・パウリスタを創業した。水野は、19世紀後半にブラジルへのイタリア移民の渡航が中止されたのち、支援計画の一環として、ブラジルのコーヒープランテーションと契約して日本人労働者をコロノとして送り込んだ人物だった。この時代、日本人移民はハワイのコーヒー農園でも働いた。しかしヨーロッパと同様、日本の大衆コーヒー文化の発展は、戦間期において国家主義色が強まったことによって後退した。

コーヒー輸入の全面自由化は1960年になってのことだった。その翌年、日本は25万袋のコーヒー豆を輸入し、1990年にはこれが533万袋に増加した。喫茶店は1960年代半ば以降、日本全国に広がった。初期費用が比較的安く済むことに惹かれて参入する経営者が増え、また客の数も日本の高度経済成長の波に乗って増加した。1970年には喫茶店は5万軒となり、1982年に16万軒と頂点に達した。その後、昔ながらの喫茶店と、欧米風のセルフサービスのカフェとの二分化が進んだ。こうしたカフェのひとつがコーヒーチェーンのドトールで、1980年に第1号店をオープンさせ、現在ではフランチャイズ店を含めて1000店舗以上を出店している。

アメリカの生産国は1957年に輸出量の制限を開始した。だがその市場操作は失敗に終わる。ロブスタ種はアラビカ種よりも低価格であり、ロブスタ種を栽培する新規参入の生産国は、市場にコーヒーを放出するというブラジルの脅しを意に介さなかったからだ。古くからの生産国が供給量を抑えたところで、バイヤーがアラビカ種からロブスタ種へと切り替えることにしかならなかったのである。こうして1959年には、ブラジルは世界の年間コーヒー消費量に匹敵する在庫量を抱えるはめに陥った。

ラテンアメリカ諸国は国際協定を設けてコーヒーの輸出入を管理すべく、アメリカでロビー活動をはじめた。そして1959年のキューバ革命によってもち上がった政治的危機感を利用することにした。当時のコロンビア大使は、「ああ、情けないことだが——われわれのコーヒーにそれなりの対価を支払ってくれなければ、大衆は一致協力してマルキストの革命軍となり、われわれを海に追い落としてしまうだろう」と訴えている。[16] アメリカの主要焙煎業者はブラジルとコロンビアへの依存度を考慮して協定を支援したほうがよいと判断し、また議会は、キューバ・ミサイル危機に背中を押されるかたちでこれを認めた。さらに、ヨーロッパのコーヒー消費国は、まだ植民地として残る生産国と、あらたに独立した生産国が経済危機に陥らないように配慮するという点で意見が一致した。

こうして1962年の国際コーヒー協定（ICA）は、輸出国44か国、輸入国26か国が加盟して調印された。その目的はこう書かれている。

需要と供給のバランスを合理的なものとする。消費者とコーヒー市場に対しては適切なコーヒー供給量であり、生産者にとっては公平な価格であることを基本原則とし、長期にわたって生産と消費の均衡をもたらすことを目的とする。[17]

この協定はその後国際コーヒー機関（ＩＣＯ）を設立して本部をロンドンに置いた。

そしてＩＣＯ協議会が協定実行のための最高機関となった。提案は、生産国と消費国双方の加盟国による投票で70パーセントの承認を得る必要があった。票数は加盟国の輸出入量によって割り当てられ、輸出国の票数１０００のうちブラジルが３４６票を、消費国の票数１０００のうちアメリカが４００票を有した。またコーヒーは、コロンビアマイルド［コロンビア、タンザニアなどの水洗式アラビカ種］、アザーマイルド［おもに中米産水洗式アラビカ種でコロンビアマイルド以外］、ブラジルナチュラル［ブラジル、エチオピアなどのナチュラル、アラビカ種］、ロブスタという４つのタイプのコーヒーに目標とする安定価格帯が設定され、加盟国は輸出コーヒーの４つのタイプごとに輸出量を割り当てられた。たとえば１９７５年にブラジルが霜害《そうがい》で壊滅的被害を受けたときのように、価格がこの安定価格帯を超えて上昇すると、輸出割り当ては緩和されて価格が下落した。価格帯より下がると、輸出割当量が厳しく制限されて価格が上昇した。この割当制度は１９６２年から１９８９年まで維持された。

世界的なコーヒー需給チェーンの力のバランスは生産国へと傾き、とくに力をもったのがＩＣＯ

霜害を受けたブラジルのコーヒーノキ。1975年の大霜害である「黒霜（ジェアダ・ネグラ）」ではブラジルのコーヒーノキ50万本超が枯れ、翌年の生産量は60パーセント減少し、1975年から1977年までのあいだに生豆の価格は3倍に跳ね上がった。

内の官民の代表機関だった。1970年代に、為替相場の安定を維持していたブレトン・ウッズ体制の崩壊や原油価格が高騰したオイル・ショックを受けて、加盟輸入国が割り当ての強化をしぶると、IBC（ブラジルコーヒー院）やFNC（コロンビアコーヒー生産者連合会）、コートジボワールの生産者価格安定化基金など主要生産国の機関が生産国カルテルを作り、世界市場におけるコーヒーの売買で協力した。在庫や収穫予測についてコーヒー生産国がもつ「内部」知識を利用して、こうした機関は、投機家が思い通りに先物価格を操作するのを阻んだのである。

割当制度は1980年代を通じて維持されたが、これはおもに政治的理由からだった。1979年にニカラグアで起きたサンディニスタ革命［独裁体制打倒と民族の自立的発展を目指した革命。サンディニスタ民族解放戦線主導のもと行なわれ、成功した」後、アメリカのレーガン政権はエルサルバドル、グアテマラ、ニカラグア、コロンビアにおける内戦で、これ以上左翼陣営に勝たせたくはなかった。こうした内戦は、コーヒー栽培国内の富の配分が不公正だったことにも一因があったのだ。グアテマラでは、1パーセントのコーヒー農園が、同国産コーヒー豆の56パーセントを生産していた。[18] エルサルバドルでは農園で働く先住民小作農が、軍事政権による激しい民族抑圧のターゲットとなった。一方でゲリラは、中流階級の農園所有者に「戦争税」を要求し、支払わなければ建物を焼き、土地を奪うと脅した。またサンディニスタ政権のもとニカラグアが新設した国のコーヒー機関であるＥＮＣＡＦＥは、コーヒー輸出価格のわずか10パーセントしか生産者に還元しなかった。[19]

フィリピンやインドネシアといった国では、ほかの商品に比べれば、割当制度によってある程度の利益を確保できることが励みとなり、生産者はコーヒーの生産量を増やした。またＩＣＡが世界のコーヒー市場において、「過去の」シェアに基づくのではなく、「実際の生産能力」に見合う割当量を設定した点も、増産の動機のひとつとなった。

あらたに生産されるコーヒー豆の大半を占めたのはロブスタ種で、この種はインスタントコーヒー用の豆として需要があった。この安価なコーヒー豆を活用したい輸入業者は、豆を蒸して苦味を穏やかにする「コーヒー洗浄」技術を開発した。１９７６年までに、ネスレは21の生産国に子会社を設立している。[20] さらに、一部の生産国は独自の事業を開始した。エクアドルはコーヒーパウダーとして輸出するため、ロブスタ種を植えて精製を行なった。ブラジルはロブスタ種の一品種であるコニロンをエスピリト・サント州に導入し、精製施設を作った。その影響でブラジルではソリュブルコーヒーが人気を博し、今では全ブラジル産コーヒーのうち約2割がロブスタ種である。

中米の一部はコーヒー豆の価格が安定した点を生かし、農業研究に重点的に投資して農地を改良した。日向《ひなた》での栽培が可能な矮性《わいせい》栽培品種の導入など、いわゆる「技術化」と化学肥料の使用によって生産量は急増した。1970年代半ばから90年代初頭にかけて、コロンビアの収穫量は54パーセント、コスタリカは89パーセント、ホンジュラスは140パーセント増加している。[21] そして、輸出国は生産したコーヒーの割当超過分を廃棄するのではなく、ソビエト圏など、ICAの影響力がおよばない市場で安く売った。1989年にはコスタリカの収穫量の40パーセントが割当価格の半額以下で販売され、一部はチェコスロバキア製のバスなどとの物々交換に使われた。

さらには焙煎業者が新しい供給者を見つけようとしたことで、非割当国を経由して割当国へと入ってくる「渡り」コーヒーが生まれた。またなかには、コーヒー受け入れ港で、ICA非加盟国向けの等級の高いコーヒー豆を加盟国向けの等級の低い豆だと偽って、コーヒー豆を割当価格よりも安く手に入れるという策を講じているものまであった。ICA加盟国は、需要の変化を反映させた制度下で自国を犠牲にして割当調整をすることを嫌ったため、こうした渡りコーヒーがなくなることはなかった。

1989年9月、ソ連が崩壊しサンディニスタ政権が姿を消すと、アメリカは割当制度の支援から手を引き、結局、1993年にはICOからも脱退した。輸入国で脱退したのはアメリカだけだったが、同国抜きでは、ICOは調整機関としてうまく機能することは不可能だった。一方生産国側は、利益に差が生じることから、この機構を維持しようとする意欲はほとんどなかった。そしてブラジルのIBCなど、一部の国家機関は解散した。今日、ICOは国際的な情報交換の場として存続してはいるが、国際的なコーヒー供給網を統治する役割は失っている。

こうして割当制度は機能不全に陥りはしたが、この制度によってコーヒー価格の安定がかなり保たれていたことは事実である。その証拠に、割当制度が終わるまでの8年間における月ごとの指標価格の変動は14・8パーセントでしかなかったが、その後の8年では37パーセントと大きく変動した。同様に、1984年から1988年までの平均指標価格は1ポンド1・34ドルだったが、コーヒー豆が市場になだれ込んだ1989年から1993年にかけてはこれが0・77ドルに下落した。[22] ブラジルが霜害を受けコーヒー豆供給量が減少すると価格の下落は止まったものの、割当制度の停止によって、世界のコーヒー取り引きが不安定な状態に戻ったのは明らかだ。

●ベトナム

ベトナムはICAの崩壊という機に乗じて、20世紀が終わるまでの10年で、世界のコーヒー取り引きを根本から変えた。1988年には世界のコーヒー生産国としては22位でしかなかった同国は、1999年にはコロンビアを抜いて世界第2位に躍り出た。この躍進のカギはロブスタ種の栽培にあり、ベトナムはロブスタ種の世界最大の輸出国となった。

1850年代に宣教師たちがわずかなアラビカ種のコーヒーノキをこの地に植えたのがはじまりだが、フランスによる植民地支配の時代には、コーヒーは副作物でしかなかった。社会主義国の北ベトナムとアメリカが支援する南ベトナムとの長い戦争が終わった1975年の時点で、コーヒーを栽培する畑は60ヘクタールしか残っていなかった。ベトナム戦争に勝利した社会主義政権は、かつて南ベトナムが支配した地域の安定化を図り、移住を推奨された北ベトナムの農家は、これに従い中央高地へと入っていった。そこでは国立農場と農業協同組合が設立され、既存の農場の国営化と積極的な開墾計画を組み合わせた政策が採られた。農民たちに奨励されたのが、ソビエト圏の同盟国向けに輸出するコーヒーノキの栽培である。

だが生産量が上昇しはじめたのは、政府の経済改革がはじまった1980年代になってからのことだ。そして1990年代には農地を民間に払い下げ、2000年にはコーヒー豆生産の90パーセントが1ヘクタール未満の小規模な農園によるものとなっていた。農民は継続的に国から手厚い支援を受け、それに助けられてコーヒー生産を続けた。農業助成金や資金の貸し付け、あるいは肥料の導入といった技術的支援が功を奏し、1988年から1999年までのあいだに生産量は1年ごとに24パーセント上昇。競合国よりもずっと高い平均生産量を誇るまでになった。

1995年には、開発や宣伝および輸出などコーヒー産業を管轄する国の機関であるヴィナカフェが、ベトナム・コーヒー公社となった。この公社は国営農地と、精製工程、貿易および提供事業の

1994年のベトナム。中央部高地のブォン・マ・タット付近の農民。乾燥させたロブスタ種のコーヒーチェリーの計量を行なっている。

多くの運営を行なっている。ベトナムのコーヒー輸出のおよそ40パーセントはこの公社によるもので、国内のインスタントコーヒー生産施設2か所のうちひとつを操業している（もう1か所はネスレが所有）。

ベトナムの急速な生産量拡大は、ソビエト圏が崩壊していくという情勢において、政権が権威を高め、国民の人気を得るためのものだったようにも思われる。輸出により国の収入は増加し、一方で、小農が直接市場にかかわって「金持ちになる」ことも認められたからだ。しかしこうした生産量の急拡大は、いずれ供給過剰になって価格の低下をもたらす危険をはらんでいた。それは1998年以降、大幅な価格下落というかたちで現実となった。

コーヒー価格は、ラテンアメリカ全土のコーヒーノキに伝染力の強いさび病が広がった2010年以降に急上昇した。これが、とくに高品質アラビカ種の需要と供給のバランスを調整することになり、コーヒーの複合指標価格はそれ以降、1ポンドあたり120セントを下まわっていない。しかしこのあらたなコーヒー価格の安定は、ひとつには、価格下落や旱魃《かんばつ》、あるいは病害でコーヒー栽培をあきらめざるを得なかった人々の犠牲のもとにあることを忘れてはならない。

1989年の割当制度崩壊後にコーヒーの価格変動に見舞われたことは、規制撤廃は多くの危険をはらむということの証明である。さび病の流行でさえ、コーヒー産業にかかわる官民の機関が解散し、作物の病気に関する研究と対応が行なわれなくなったためだと非難されている。[24] とはいえ、割当制度で市場に出るコーヒー豆の量を規制し、それが有力な生産国の利になった一方で、そのようにして得た利益を生産国の機関が農民に十分還元しない例が多かったのも事実である。

コーヒー危機と同時期に、高額なコーヒーを売るコーヒーショップの急成長――いわゆる「ラテ革命」――が起こったという矛盾は、「コーヒー生産者の貧困」という批判を巻き起こした。[25] だがこの新しい現象を、コーヒーを「特別な飲み物」にする機会だととらえる見方もある。この「革命」はコーヒーの脱コモディティ化を促進し、バリューチェーンを通じて大きな収入を生む産物になりうる、という考え方である。

第6章 ◉ スペシャルティコーヒー

コーヒーをふたたび特別な飲み物にしようとする動きが20世紀末に生じ、これが世界のコーヒー産業に大きな影響を与えている。アメリカの独立系焙煎業者たちがコーヒーのコモディティ化や産業の集中に反発したことではじまったこの運動から、世界規模で展開するコーヒーチェーンや、流行の先端をいく「サードウェーブ」運動、コーヒー・カプセルの開発、また倫理的《エシカル》なコーヒー消費に関する一連の激しい議論など、さまざまなものが生まれた。「特別な飲み物」としてのコーヒーは、コーヒーを飲む歴史をもたない市場を刺激する役割をもち、これを土台にコーヒーの歴史に新しい時代が築かれつつある。

◉スペシャルティの誕生

アメリカでは、コーヒー豆の焙煎市場において上位4社が占めるシェアが、1958年の46パーセントから1978年には69パーセントへと上昇した。2000年には、プロクター&ギャンブル、クラフト、サラ・リーの「ビッグ・スリー」が、コーヒー小売り市場の80パーセント以上を占めた。価格競争を繰り広げる3社は、ブレンドコーヒーにはより安価なコーヒー豆を使い、一部ブランドについては「他社製品よりも少ない量で同じ濃さのコーヒーが淹れられる」と宣伝した。

しかしこうした戦略は、しだいに減少するアメリカ人ひとりあたりのコーヒー消費量を反転させることまではできなかった。1970年代には自動コーヒーメーカーの「ミスター・コーヒー」が登場して人気を呼び、アメリカ人（とくに男性）もドリップ式でコーヒーを淹れるようになっていたが、消費量は1960年の7・25キロから1995年の2・7キロまで落ち込んでいた。これに対し、セントラルヒーティングの普及や、ファストフード店の登場、それに若い世代にアピールする広告などさまざまな要因により、カフェイン入りのソフトドリンクの消費量は急増した。

一方で独立系の焙煎業者は、1945年の約1500から1972年の162へと減少した。生き残るため彼らはこれまでとは異なる事業戦略を生み出した。価格ではなく品質を競うことで利益を増やそうとしたのである。この策は、当時の消費者経済にぴたりと合った。その頃アメリカでは、消費行動によって、社会集団によるライフスタイルや価値観、好みの違いを明確にする動きがはじまっていたからだ。こうした消費行動を取る人々は洗練さや裕福さを他人にアピールし、また「伝統にとらわれない」、企業の思惑に左右されない価値観を重視し、あるいは職人手作りの「本物」の品を選ぼうとした。

コーヒーは1960年代のアメリカのカウンターカルチャー［反権威主義、反体制文化］――サンフランシスコをその精神の故郷とする――においては重要な要素だった。ヒッピーたちはイタリアからの移民が経営するノースビーチ［サンフランシスコにあり、多くのイタリア人移民が集まる「リトル・イタリー」地区］のエスプレッソバーをぶらつき、バークレーのアルフレッド・ピートの店でコーヒー豆を買った。オランダ出身のピートはコーヒー豆をかなり深煎りにして、一般的な「カップ・オブ・ジョー」よりもずっと濃いコーヒーを淹れた。店主のピートがアメリカ人客の多くを見下す態度を隠そうともしなかったにもかかわらず、この店は、ぜひとも「ヨーロッパ」のコーヒーを飲みたいという人々を大勢惹きつけた。

「スペシャルティコーヒー」という言葉を初めて使ったのはエルナ・クヌッセンだ。クヌッセンはサンフランシスコのコーヒー輸入会社で秘書として働いていたのだが、1970年代半ばに、高品質のコーヒー豆を少量単位で売らせてほしいと会社を説得した。クヌッセンは、新しい世代の独立系焙煎業者にコーヒー豆を供給するというニッチな事業に目をつけたのだ。そうした焙煎業者の多くは、型にはまった因習的な仕事を続けることから「ドロップアウト」した人々だった。

1982年に焙煎業者のグループがアメリカ・スペシャルティコーヒー協会（SCAA）を設立し、「スペシャルティコーヒー」を、「カップのなかのコーヒーがすばらしいおいしさであること」と定義した。そのコーヒーにはケニアAAをはじめとする輸出用高級コーヒー豆のほか、ブレンドや風味づけしたコーヒー（「スイス・モカ・アーモンド」という名のコーヒーまであった）もあっ

スペシャルティコーヒーを売る店。スペシャルティコーヒーが登場した頃の、1977年のシアトル。家庭での消費用にコーヒー豆を販売しているが、エスプレッソマシンは見当たらない。この店の名は……スターバックスだ。

たが、後者はどれも、今ではスペシャルティに格付けされそうにないものばかりだった。そしてこうしたコーヒーは、「ヤッピー」（都市部の若い職業人で、その購買力の高まりが1980年代の食通《フーディ》革命を支えた）に人気の美食を扱うデリカテッセンで売られた。

だがまもなく、コーヒー豆の販売にかかわる概念だったスペシャルティコーヒーは、コーヒーを淹れて提供することへと軸足を移した。その中心となったのがシアトルだ。エスプレッソマシンを載せたコーヒー屋台がシアトルに登場したのが1980年。1990年には、モノレールの駅やフェリーのターミナル、それに大規模店のそばに出ている屋台は200軒を超えていた。労働者は、職場で飲める無料のコーヒーよりも、スペシャルティ・タイプの飲み物を買ってもち帰るほうを好んだのだった。今日では、コーヒーショップ革命によって一掃されて、シアトルの街には屋台が1、2軒しか見当たらないが、コーヒーショップ革命はこの街から世界へと広がったのである。

◉スターバックスのはじまり

スターバックスは、1971年に大学時代の友人3人で出した店からはじまった。当初はアルフレッド・ピートが焙煎するコーヒー豆を売る店であり、のちに彼らは、ピートの深煎りスタイルを採り入れたコーヒーを店で出すようになる。ハワード・シュルツはブルックリンの会社——この店に器具を供給するうちの一社だった——のセールスマンだったのだが、1982年にこの店を訪ね、創業者たちに自分を販売と宣伝担当部長として雇ってくれるよう頼んだ。そして1983年にシュルツはミラノを訪問した。

そこで、私の人生とスターバックスのそれからを決めるインスピレーションとビジョンを見つけた……。もしわれわれがアメリカで、イタリアの本物のコーヒーバール文化を再現させることができれば……スターバックスは単なるコーヒーの大規模小売店に終わらず、偉大なる「経験」を提供する場となりうるのだ。[1]

しかしシュルツは創業者たちに自分の主張を受け入れさせることはできなかった。彼はスターバックスを去り、1986年に「イル・ジョルナーレ」というコーヒーショップを出した。イタリア人が地元のバールを頻繁に訪れることから、「毎日」という意味だと思っていた「ジョルナーレ」を店の名にしたのである（実際には「新聞」という意味だった）。

シュルツのビジョンのなかで、解釈や読みが正確でなかったのは店名だけではなかった。アメリカ人客はイタリアのバールのように立ったままカウンターでコーヒーを飲むよりも、テーブルに座っておしゃべりを楽しみたかった。また、職場にコーヒーをもち帰れるように、磁器のカップよりも紙コップを好んだ。そしてオペラのＢＧＭや蝶ネクタイを締めたバリスタは、太平洋岸北西部のカジュアルな雰囲気には合わなかった。

シュルツが路線に変更をくわえ、アメリカ人客のニーズに合った「イタリア風」コーヒーを提供する店にすると、事業は軌道にのりはじめた。1987年、シュルツはこのスタイルの店をスターバックスで展開することにした。当時、創業者の最後のひとりがピートの店を引き継ぐためにサンフランシスコへと移ったため、シュルツはスターバックス社を買ったのである。

●コーヒーショップを構成するもの

コーヒーショップのスタイルはふたつの要素で決まる。コーヒーと店の環境だ。そして客は、コーヒーの代金を支払うことで店の環境を整えるコストを負担するのだ。

イタリア風のコーヒーは、アメリカの消費者にスペシャルティコーヒーを広めるのにぴったりだった。ミルクの甘味を通しても、エスプレッソがもつ特色のある苦味がはっきりと感じられた。一番人気のメニューとなったのがカフェラテだ。泡立てたのではなく蒸気で温めたミルクは、カプチーノより濃さも甘さも強かった。フレーバー付きのシロップをくわえることで、スターバックスでは注文によってフレーバーを変え、エッグノッグ・ラテ［泡立てた卵、砂糖、ナツメグ、ラム酒を使ったラテ］など季節ごとの飲み物を提供することもできた。また、本物であることよりも重要だったのが親しみやすさだ。スターバックスの標準的な「トール」サイズのカプチーノはイタリアの2倍の量であり、また甘味も強い。

1994年には、アメリカのスペシャルティコーヒーを出す店では、一般的なコーヒーよりもエスプレッソをベースとした飲み物のほうが多く売れていた。新鮮な豆を挽き、マシンで1ショットを抽出し、ミルクを泡立てて注ぎ、シナモンやチョコレートの液や粉を振りかける。バリスタが実演する「職人技」は客の目の前で行なわれ、それはコーヒーを淹れるという行為にある種の付加価値を与えた。客は、家では作れない特別なコーヒーに高い対価を支払おうという気になるのである。

コーヒーを楽しむ快適な環境は、価格に十分に反映されていた。ソファ、店内に流れる音楽、新聞、赤ちゃんのオムツ替えの設備が整った清潔なトイレ。これらすべては、客にコーヒーを楽しませる「20分間の事業」を作り出すためのものであり、コーヒーは店が提供する施設の「使用料」なのだ。カウンターに来た順番通りにコーヒーを提供するのは「民主的」な雰囲気を演出し、またアルコール類を出さないことは、女性や子供、アルコールを飲まない人たちにとってここは「安全な」

スペースであることを意味した――つまり、スターバックスはだれもが入れる店なのだ。

アメリカの社会学者であるレイ・オルデンバーグは、職場でも家庭でもない「サード・プレイス（第3の場所）」では、見知らぬ人同士が肩肘はらずにふれあい一種のコミュニティが生まれると説き、シュルツはスターバックスがこの「サード・プレイス」の見本であると宣言した。[2] しかし行動研究によると、見知らぬ人同士のあいだに会話がはじまるという証拠はほとんど見出せていない。コーヒーショップの魅力は、人々に囲まれていても、それとかかわる必要がない点にあるのだ。くわえて、ノートパソコンや携帯電話、インターネットといったデジタル技術の発達も、コーヒーショップの環境や雰囲気を「消費」しつつ、個々人が店内で仕事をしたり、ソーシャル・メディアの会話に没頭したりすることに拍車をかけている。

●コーヒーチェーン店の覇者

シュルツはスターバックス拡大のための資本調達に長け、1992年には株式公開を行なった。そしてひたすら好立地の物件を獲得していったが、そうした場所は同じ通りの近くにスターバックスの別の店舗がある場合も多かった。だが、人はコーヒーを買うためだけに毎日の行動範囲から大きくはずれようとはしないものだ。結局は、この戦略にはスターバックス全体の売り上げを伸ばす効果があった。そしてまた、いったんスペシャルティコーヒーを飲むようになると、場所がどこであれ店を見つけたらそれを飲みたくなるため、スターバックスだけでなく、スペシャルティコーヒー

アメリカ合衆国におけるスペシャルティコーヒーの店とスターバックスのチェーン店数*

年	スペシャルティコーヒーの店	スターバックスのチェーン店	スターバックスが占める割合（%）
1989	585	46	7.9
1994	3,600	425	11.8
2000	12,600	2,776	22.0
2013	29,308	11,962	40.8

＊www.sca.org と www.statista.com. のデータ

を扱う店全体の売り上げを押し上げた。

スターバックスの特別な地位を維持するためには、ブランディングは欠かせなかった。客がどの店に入っても必ずまったく同じ経験ができるように、スタッフはサービス・マニュアルに従い、完全に同一のコーヒーを淹れる必要があった。このためそれまで使っていたイタリア製エスプレッソマシンに代えて、ボタンを押すだけのスイス製全自動エスプレッソマシンを１９９９年に導入した。またセレブたちを雇って「来店」してもらい、スターバックスのロゴ付きテイクアウト用カップでコーヒーを飲むようすを撮影した。スターバックスはコーヒーショップの覇権的ブランドとしての地位を守り、そしてその力は絶大だったため、事実上、「コーヒーショップすなわちスターバックス」とだれもがイメージする状況にまでなったのである。

２０１６年には、前日に飲んだいつものコーヒーはなにかと聞かれた多くのアメリカ人が、「グルメコーヒー」つまりはスペシャルティコーヒーだと答えたと報告されている。[3] ２００８年以降、エスプレッソをベースとした飲料の消費が3倍になったこともこの大きな要因であり、さらにその影響で、ダンキン・ドーナツやマクドナルドといっ

シアトルのスターバックスリザーブロースタリー、2017年。その場での焙煎、AR（拡張現実）機能、そしてさまざまなコーヒー豆と淹れ方が提供される。リザーブ・ロースタリーは、「サードウェーブ」のコーヒー文化において、スターバックスというブランドの信用度を増すことを目的としている。

た、人々が日常的に立ち寄るファストフード・チェーンや小さな商店でもこうしたコーヒー飲料を販売するようになった。カフェラテは今や、「カップ・オブ・ジョー」と同等の意味をもつアメリカ風コーヒーとなっている。

◉国際化

スターバックスの戦略にとって、国際化はもうひとつの重要な要素だった。2017年1月1日時点で、スターバックスは75か国で2万5734店舗を運営している。1996年に日本とシンガポールに進出後は、あっという間に「アジアの虎」「アジアにおいて急速な経済発展を遂げつつある国々」と称される東南アジアの国々に広がった。アメリカの流行をいち早く取り入れたい中流階級の若者たちはコーヒーショップ文化を熱烈に歓迎し、おしゃべりに勉強にとコーヒーショップを利用した。

ヨーロッパでは、スターバックスの進出以前に、こうしたコーヒーショップの概念が入ってきている例も多かった。スターバックスの事業形態をまねた企業や移民がコーヒーショップを出し、現地の味覚に合わせたコーヒーを提供していたのだ。ロンドンでイタリア風コーヒー豆の焙煎事業を行なっていたコスタ・コーヒーは、1978年にコーヒーショップの1号店を出した。1995年、そのコスタ・コーヒーをビールメーカーでありホテル事業を行なうウィットブレッドが買収した。ウィットブレッド社は、イギリスではコーヒーショップがパブに代わって社会の中心になると予測し、的中する。1995年には41店舗だったコスタ・コーヒーは、2017年には2100店に達し、コーヒーショップの運営規模ではイギリス最大となった。イギリスの他のチェーン店と同じく、コスタ・コーヒーはおもに外国人バリスタを雇っている。加盟国間の移動の自由に関するEUの協定を利用して、EU圏内の若者たちがバリスタとなっているのだ。[4]

ブランド力をもつチェーンはイギリスのコーヒーショップの成長を後押ししたが、2010年以降のイギリスではイタリア風のコーヒーが主流となり、デパートと園芸用品店のチェーンが展開するコーヒーショップが最大の成長を見せている。軒数の減少が続くパブは、現在では生き残り戦略として、日中にコーヒーを提供している。

チェーン展開するコーヒーショップはヨーロッパ大陸全土に広がっているが、その広がり具合は各国のコーヒー文化の性格に左右されている。ドイツでは、ヴァネッサ・クルマンが1998年にドイツ初のチェーン店であるバルザック・コーヒーを設立した。衣類やアクセサリーのバイヤー

エスプレッソマティーニ。1980年代にロンドンのバーでディック・ブラッドセルが作ったカクテル。女性客の「目が覚めて、そして一気に酔っぱらうものを」という注文で作ったもの。

としてニューヨークで仕事をした際に、コーヒーショップに立ち寄った経験をもとに起業したものだ。ドイツでは現在、自宅外で飲むコーヒー市場において高級エスプレッソが50パーセントを占めるが、その大半はパン屋のチェーンで出されるものだ。エスプレッソ・タイプのコーヒーがすでに根を下ろしていたフランスでは1990年代にチェーン店が登場したが、ビストロ［気軽に利用できる小レストラン］に代わりすばやく飲食物を提供する店として人気が出はじめたのは、2008年の景気低迷以降のことだ。ギリシアでもフランスと状況は同じだった。

エスプレッソ発祥の国であるイタリアは、スペシャルティコーヒー革命で大きな恩恵を受けている。焙煎済みコーヒー豆の輸出が、1988年の1万2000トンから2015

イタリア製のエスプレッソマシンが淹れるコーヒー。エスプレッソを淹れるバリスタ、ブレンド、エスプレッソ用器具については、イタリアエスプレッソ協会（INEI）が正式な規格に適合していることを認証する制度があり、マシンにはそのマークがついている。

年の17万1000トンへと上昇したのだ。イタリア製エスプレッソマシンは、世界の商業用エスプレッソマシン市場において70パーセントのシェアを誇ると同時に、その生産台数の90パーセント以上は常に輸出されている。イリーやセガフレードといったグループ企業は、ブランド力のあるコーヒーショップを、ライセンス供与またはフランチャイズで世界中にチェーン展開している。しかし、イタリア国内にはコーヒーショップのチェーン店はまったく見られない。エスプレッソに高い価格をつけることはできないからだろう。シュルツがミラノでエスプレッソのすばらしさを知ってから35年後の2018年、スターバックスが初めてこの地に出店した。しかしそれは、スターバックスの「サードウェーブ」コーヒーを前面に押し出した、高級なスタイルの店である。

2017年に韓国のソウルで開催されたワールド・バリスタ・チャンピオンシップ。優勝したイギリス人バリスタ、デール・ハリスのパフォーマンス。

◉サードウェーブ

「サードウェーブ」という言葉は、コーヒー関連のコンサルタントであり著述家でもあるティモシー・キャッスルが２０００年に初めて用いたものだ。２００３年にアメリカ人焙煎士のトリシュ・ロスギブが、寄稿した記事中にこの言葉を使ったことで一般に広く知られるようになった。[5] トリシュはこんなふうに書いている。大量生産・大量消費時代のファーストウェーブ・コーヒーの焙煎業者が生産するのは「低品質のコーヒーだった」。そして元祖スペシャルティコーヒーの提唱者たちは「小規模な焙煎事業でデスティネーションショップ［特定の商品を買う場合にまず思い浮かべる「目的地となる店」］をはじめ……エスプレッソを出した」。しかしそうしたスタイルの事業は、スターバックスなど、「スペシャルティコーヒーにおける自動化と覇権を目指す」セカンドウェーブ・コーヒーの巨人の登場によって衰退した。そしてサードウェーブとは、「既存のルールにとらわれずに」際立ったコーヒーを生み出すことを目指すものだ。

サードウェーブ文化の中心にはバリスタの競技会がある。第1回のワールド・バリスタ・チャンピオンシップは2000年にモナコで開催された。参加者は15分以内でエスプレッソ、カプチーノ、それに「シグネチャー・ドリンク」［バリスタの個性やメッセージを表現した、独自の創作コーヒー］をそれぞれ4杯ずつ淹れ、技術とその見せ方、そして淹れたコーヒーの味を審査される。器具メーカーは競って、自社が製造するマシンが競技会の規格に合うよう調節する。焙煎士はバリスタをつきっきりで訓練し、勝つために品種や産地を厳選した特別なブレンドを使う。勝者は名声を得、コンサルタント業務や商品を推奨する際に高い契約料をもらえるようになる。

サードウェーブのバリスタたちはイタリアの伝統にとらわれず、これまでに確立している一般的なエスプレッソの淹れ方や味をもとに試行錯誤する。そうした実験から、新しいコーヒーも生まれた。たとえば、濃いエスプレッソにきめ細かく泡立てたなめらかなミルクをのせ、ラテアートで仕上げるフラットホワイトがそうだ。このすべてにバリスタの高い技術が必要とされる。フラットホワイトは2007年にオーストラリアのバリスタがロンドンにもち込み、2010年には主要なコーヒーショップのチェーンに行きわたり、その後大西洋も越えた。

サードウェーブのコーヒーショップ経営者は利益の追求よりも情熱につき動かされており、店は

フラットホワイトは1980年代にオーストラリアで生まれた。上にこんもりと泡をのせたカプチーノと、なめらかな泡立ちのミルクを平たく（フラット）のせたものとを区別するための名なのだろう。新鮮なミルクをこんもりと泡立てるのがむずかしいことがわかると、カフェは「フラットホワイトのみ提供」という看板を出した。

わずかな資金で運営されていることが多い。殺風景な店内と最小限の座席、そしてカウンターの上にはハイテクのエスプレッソマシンが鎮座する。このマシンに資金が注ぎ込まれているのだ。こうした、企業ではなく個人の意思を強く打ち出した雰囲気をもつ店が多いため、それがサードウェーブのブランドイメージとなっている。

サードウェーブの焙煎業者は、地理条件が同じ単一産地のコーヒー豆を使い、さらに生産農園や協同組合まで明確な豆であることが好ましいとする。彼らは職人的な手法を用いる。少量ずつ焙煎し、味やフレーバーを調整して、ロットごとに最高の結果を得られるようにするのだ。通常は浅煎りで、焙煎の仕方に客の注意を向けさせるのではなく、コーヒー豆本来の味を引きだすことを重視する。

1999年には、アメリカのスペシャルティコーヒーの主要なバイヤーたちが、コーヒー豆生産国が参加するカップ・オブ・エクセレンスという競技会をはじめた。コーヒー農家が生産したコーヒー豆を出品し、カッパーの国際審査員がこれを評価するもので、勝者のコーヒー豆はネットオークションにかけられて天文学的価格がついた。2016年に優勝したコーヒーのオークションには、日本、韓国、台湾、ブルガリア、オーストラリア、ニュージーランド、アメリカのバイヤーが参加しており、スペシャルティコーヒーの世界的な広まりがうかがえる。

サードウェーブが求めるのはただのエスプレッソではない。単一産地のスペシャルティの格付けがなされたコーヒー豆がもつ繊細な味を、最高に引き出したコーヒーを提供することにますます注力している。ハリオV60フィルターやサイフォンといった日本で開発された器具は、サードウェーブのコーヒーショップではよく目にするようになっている。1940年代に登場したケメックスも人気を博しており、普通の紙より強度があるペーパーフィルターを使って淹れることで、非常にクリーンな、紅茶に近いと言えるようなコーヒーとなる。

サードウェーブとは、多国籍の「サブカルチャー」の一形態とでも言えばよいだろうか。コーヒーショップによって、コーヒー哲学も象徴的ブランドも、愛飲家向け刊行物の有無も、コーヒーのスタイルや大きな影響を受けた人物もさまざまだ。こうした形態を可能にしたのがインターネットである。ネットを通じて小規模焙煎業者が全国規模で顧客を見つけ、そうしたいわゆる「プロシューマー」［生産者（プロデューサー）と消費者（コンシューマー）を組み合わせた語。セミプロの消費者］と、焙煎機の仕様を自分に最適に変更する方法を議論することが可能になり、またコーヒー通の人々はコーヒーに関する最新の評価をネット上で読むことができるのだ。2011年からロンドンで開催されているようなコーヒー・フェスティバルでも、こうした人々の集いは見られる。

●シングルサーブ・コーヒー

スペシャルティコーヒー革命が起こると、同じようなコーヒーを家庭でも淹れたいという声が聞かれるようになった。そして「1杯分」のコーヒーが入ったカプセルをセットするマシンを使うことで、これが可能になった。鮮度を保つためアルミのカプセルに1杯分のコーヒーの粉が密封され

ロシア、サンクトペテルブルグにあるネスプレッソブティックの一画。抽出マシンとカプセルが並んでいる。2017年。

ており、これを抽出マシンにセットすると、カプセル上部がピンで開けられ、そこに熱湯が放出される。するとカプセルが湯の圧力で破裂し、コーヒーが抽出されるのだ。こうしたシステムは便利なうえに清潔でもあるが、カプセルは特殊な装置を使わないとリサイクルできず、家庭のゴミ箱には捨てずに、消費者が回収して企業に戻す必要がある。

ネスレが1986年に作ったネスプレッソは、エスプレッソ・スタイルのコーヒーを淹れる技術をいち早く実現したもので、今もこの分野では世界でトップの地位にある。一方、アメリカの（エスプレッソではなく）アメリカン・スタイルのドリップコーヒー市場は、1998年にグリーン・マウンテン・コーヒー・ロースターズが導入した、カプセル式のキューリグ・Kカップが独占状態だ。

ネスプレッソは小さなレストランや航空会社、鉄道会社などの接客業向けに開発され、訓練を受けたバリスタや広いスペースを必要としないマシンが欲しいというニーズに応えたものだった。キューリグはオフィスやホテルの客室をターゲットとし、乱雑になったりゴミが出たりしないように、カプセル式のドリップコーヒーを提供した。しかしすぐに、家庭でコーヒーを淹れる人々にとっても、ネスプレッソやキューリグはとても便利だということになったわけだ。

ネスプレッソはその製品をグルメコーヒーへの入門版と位置付けている。多様な料理や好みに合うエスプレッソブレンドのほか、「グランクリュ」と呼ぶカプセルや、ネスプレッソ・クラブのメンバー向け限定のコーヒーを提供した。２０００年に、ネスレ社はパリにネスプレッソを販売する初の店舗（ネスプレッソブティック）を出し、２０１５年には60か国で４６７店まで増やした。こうした店は各国主要都市の、高級ブランドショップが並ぶ地区というすばらしい立地にある。そして、ポルシェがデザインしたマシンを導入するといったブランド提携戦略は、ネスプレッソに上流のライフスタイル向け製品というイメージを定着させた。また２００５年からネスプレッソのブランドアンバサダーに就任している映画俳優のジョージ・クルーニーも、このイメージ戦略に貢献している。

２０００年から２０１０年にかけて、ネスプレッソの年間成長率は30パーセントを超えた。ネスプレッソの製品には高い価格が付いているため、２０１０年には、スイスは金額において世界最大の焙煎済みコーヒー豆の輸出国となった（もっとも、輸出量では第5位にとどまっている）。

２０１２年にはネスプレッソとキューリグの専有技術を守る特許が切れた。その後5年で、１

杯抽出タイプのシングルサーブ・コーヒーの世界市場は少なくとも50パーセント成長した。コーヒーショップ・チェーンはネスプレッソやキューリグのブランド力に乗じて家庭でコーヒーを淹れるシステムを発売し、製造業者は互換性のカプセルを生産してネスプレッソやキューリグよりも安価で売ろうとした。また職人肌のコーヒーショップ経営者は、カプセルをサードウェーブコーヒーに生かせないかを探った。そして2017年には、アメリカとイギリスのコーヒーを飲む家庭の少なくとも3分の1がカプセル・マシンを使用していた。

◉エシカル・コーヒー

スペシャルティコーヒーは認証制度の採用と認証ラベルの普及に大きな役割を果たした。認証ラベルとは、環境問題や、商品の供給や貧困、教育といった社会経済上の問題を考慮するうえで、特定のコーヒーの供給網が持続可能なものであると認めるものだ。環境面での認証は、生物多様性を保全し、持続可能な農耕技術を推奨するためのもので、「オーガニック」（有機栽培）、「バードフレンドリー」（渡り鳥保護を目的とした認証コーヒー）、「レインフォレスト・アライアンス」（熱帯雨林保護を目的とする）という認証コーヒーがある。

社会的認証計画は、フェアトレード運動によって誕生した。オランダの宗教団体であるソリダリダードが「マックス・ハーフェラール」ラベルを作ったのは1988年のことだ。この名はジャワ島における植民地のコーヒー貿易を糾弾する小説のタイトルから取られている。この団体は、当

スロベニア初のフェアトレードを扱う店で販売するフェアトレードのオーガニック・コーヒー。スロベニアのリュブリャナ、2013年。コーヒーを供給するのは、カトリック系社会事業団体が設立した、オーストリアの社会的企業 EZA だ。

初はメキシコの生産者協同組合から直接コーヒー豆を購入する活動からはじまり、ドイツとオランダでこのコーヒー豆を販売した。1989年になるとオックスファムをはじめとするイギリスの慈善団体がこれにならい、カフェダイレクトというブランドを作って、このコーヒー豆を教会の聖堂やチャリティショップで販売した。1997年にはフェアトレード・インターナショナルが創設されて、国によって異なる仕組みを統一した。

フェアトレードは現在も、生産したコーヒー豆に対し、生産者に最低価格を保証する唯一の認証制度だ。コーヒー豆がアラビカ種かロブスタ種か、精製工程がナチュラルか水洗式か、オーガニックかノンオーガニックであるかを考慮して価格が付けられる。さらに輸出協同組合は、コーヒー栽培地域の生活改善に使うためのプレミアム（奨励金）を受け取る。しかし2011年以降は、プレミアムの4分の1を品質向上のために使用しなければならなくなった。コーヒー豆の引き渡し時点で世界の市場価格がフェアトレードの価格よりも高い場合は、保証価格もそれに連動して引き上げられる。

フェアトレードは組織自体がコーヒー豆の売買をするわけではなく、製品に「フェアトレード」基準が守られているという認証を与え、販売者にそのライセンス料を課すものだ。この仕組みがうまくいくためには、コモディティチェーンのすべての参加者がフェアトレードの基準にしっかりと沿っていることが証明されなければならない。フェアトレードについては、価格保証をすることで生産者が市場から守られ、つまり市場のニーズに応える必要がなくなるため、生産者に惰性が生じるという批判がある。さらに、焙煎業者の利益や認証制度の運営コストへの支援がくわわり、生産者が受け取る価格よりも先進国の消費者が支払う価格がかなり高いという問題はいまだ解消していない。

フェアトレードの認証制度が生産者におよぼす影響を分析すると、プラス面とマイナス面が見えてくる。21世紀に入ってまもなく起きたコーヒー危機のあいだは最低価格が大きなセーフティネットとなり、多くのコーヒー生産地がプレミアムによる再投資に助けられた。この頃以降、フェアトレードと市場のコーヒー価格の差は比較的小さい。ラテンアメリカにおける調査では、コーヒーチェリーの摘み手に以前より高い賃金を支払う必要があり、それによって生じる農民の減収を補うのに十分な価格ではないという結果も出ている。またオーガニックに対するプレミアムは、オーガニックコーヒーへの転換による収穫減を補填してはくれない。[6] ２０１７年の調査では、アジアにおけるフェアトレードコーヒーの生産者は家族を養うのに十分な収入を得ているが、アフリカの生産者はそうではないということが判明した。アフリカでは、プレミアムの恩恵を実感できるほど、それぞれの生産者の農地の規模は大きくないのだ。[7]

焙煎業者やコーヒーショップの経営者にとっては、フェアトレード認証ラベルが、倫理的《エシカル》な信念のもとにコーヒーの販売を行なっていると示してくれる点に価値があり、その一方で彼らは、上昇した購入コストを転嫁させた高い価格を付けることができる。彼らはとくに、コーヒー危機のあいだは価格の問題について敏感だった。高い価格が付いたラテと飢えるコーヒー農民という矛盾が、たびたびメディアに取り上げられていたからだ。１９９９年にシアトルで起きた反グローバリズムを訴える暴動では、このせいでスターバックスが標的となってしまった。供給者に最低限の金額しか支払っていないのは、大量のコモディティコーヒーを扱う焙煎業者だったのだが。

しかし、利用できるフェアトレードコーヒーはかなり少ない。フェアトレード・インターナショナルが、生産者協同組合を通じて取り引きすべきという姿勢を固持しているためだ。大規模プランテーションや、協同組合に属していない独立した農民や小規模農地の所有者、それに認証制度にかかる初期コストのために意欲をそがれている多数の協同組合が生産するコーヒー豆は対象とされていないのである。

こうした生産者にも参加可能な、フェアトレードに代わる認証制度ができはしたものの、この場合は、認証ラベルのプレミアム価格を決めるのは貿易業者と生産者だ。大規模焙煎業者とコーヒー生産国が設立したコモン・コード・フォー・ザ・コーヒー・コミュニティ（4C認証として知られる）は、2007年に、社会、環境および経済的尺度をもとにした基準価格決定制度を導入した。4Cの生産者認証を受けるための費用は生産量によって段階的に決まっており、多くの小規模農地所有者の手が届く範囲におさめられている。一方で、その基準の判定が甘いことから、多数の供給者からコーヒーを調達する多国籍企業にとっても魅力的な制度となっている。

2012年、フェアトレードUSAはフェアトレード・インターナショナルから脱退し、協同組合に参加していない生産者を認証できるようにした。これによって、労働者と組合に属しない小規模農地所有者を保護し、一方では消費者がフェアトレードコーヒーを買う際の選択肢が増えることになるというのがその主張だった。

2013年には世界のコーヒー生産量のおよそ40パーセントが、なんらかの認証基準に沿ったものになった。[8] 認証制度の熱心な推奨者たちは、この数字は、世界の資本主義に社会的責任を課すことに大きく勝利した証《あかし》なのだと言っている。一方で認証制度を批判する側の言い分は、これはあくまでも宣伝活動の成功であって、コーヒー産業が「ヴァーチュー・シグナリング」［自分が道徳的に優れていると主張するための意見の発信や行動］を行ないつつ、消費者のエシカルな関心を利用して収益を上げているのが実態だ、というものだ。

サードウェーブの焙煎業者は、フェアトレードにはコーヒーの品質とトレーサビリティ［生産者から消費者までの商品の流通経路を明確にたどれること」に対する考慮が欠けていると異議を唱える。アメリカにおけるサードウェーブ・コーヒーの主要焙煎業者であるスタンプタウン、インテリジェンシア、カウンターカルチャーのバイヤーたちは、フェアトレードに代わる「直接取引」のモデルを作った。高品質のコーヒー豆を生産する能力のある栽培者を見分け、品質確保のために生産に協力し、彼らから直接、品質を反映させた価格で購入するのだ。フェアトレード認証で達成できることを超える制度ということになるだろう。こうしたパートナーシップによって、コーヒー栽培者におよぼす効果が大きく変わる可能性があるが、ただしこうした取り組みが行なえるのは、スペシャルティコーヒーの栽培が可能な地域の農民に限定される。

フェアトレードや直接取引、またその他の開発計画を通じて生産者とかかわることは、一定の国々における状況の改善に大きく貢献している。たとえばコモディティコーヒー生産の中心にあるルワンダでは、コーヒー関連のインフラが1994年の虐殺で破壊されてしまった。2002年にいわゆる国家コーヒー戦略が導入されて、一部は外国の支援計画による資金を利用しながら、コーヒーチェリーの水洗処理場が設置された。輸入国の焙煎業者は、コーヒー豆品質テストのためのカッピングの訓練やカッピング施設建設に投資し、農民や精製業者とじかに関係を築いている。またフェアトレードの組織は、水洗処理場を運営する協同組合を認証した。

ルワンダは2006年から2012年のあいだにコーヒー輸出額をほぼ2倍に増加させた。完全水洗式（フリー・ウォッシュト）の精製を施すことで価格が大きく上昇したからだ。この収入の増

ルワンダのコーヒー・カッパー。カッピングの作業中。2002年には、ルワンダをコモディティコーヒーの生産国からスペシャルティコーヒーの生産国へと変身させるべく、国家コーヒー戦略が導入された。2014年にはルワンダ産コーヒーの42パーセント超が完全水洗式のコーヒー豆となっていた。

加分の多くは生産者に還元されている。そして水洗施設を利用する際に異なる民族の農民同士が顔を合わせることで、民族間の緊張が緩和するという効果もあった。[9] ルワンダは現在、スペシャルティコーヒーの生産国として広く知られており、2008年には、カップ・オブ・エクセレンス競技会のアフリカ初の開催地となった。

◉消費のグローバル化

スペシャルティコーヒー・ムーブメントが世界のコーヒー産業の構造におよぼした最大の影響は、新興経済、とくに生産国に消費を促す役割を担ったことだと言えるだろう。コーヒーをふたたび「あこがれの飲み物」という位

インドのコーヒーショップ・チェーン、カフェ・コーヒー・デイの店、2006年。

置に押し上げることで、欧米志向の若者のあいだで人気となったのである。

V・G・シッダールタは1996年に、インドのバンガロールにコーヒーショップ・チェーンのカフェ・コーヒー・デイをオープンさせた。このコーヒーショップは非常に特殊な層をターゲットにしたものだった。

私たちはこのコーヒーショップを学生や若者が集う場として作りました。ちょうどインターネットが導入されたところで、私たちはこれが、バンガロールに多いソフトウェア関連の仕事に就く人々にアピールすると考えました。彼らはある程度世界と触れ合っていましたから。私たちはコーヒーとインターネットとを組み合わせ、1杯コーヒーを買えば、30分間インターネットを無料で使えるに店にしたわけです。インド人の70パーセントが35歳未満で、私たちのチェーンの利用客の80パーセントを彼らが占めます……。彼らは映画やテレビ、あるいはインターネットを通じて見るのと同じ体験をしたがっているのです。[10]

2015年には、インドで営業するカフェ・コーヒー・デイは1500店を超えていた。事業計画と、客にどのようなコーヒーをどのように提供するのかという点の双方において重視しているのが、自社農園でコーヒーを栽培し、コーヒー豆からカップにいたるまでの工程を管理することだ。

中国は、国の大きさも、経済発展のさなかにあるという現状からも、アジアにおいてもっとも潜在力のある市場だ。2004年から2013年までにコーヒーの消費量は年に16パーセントも伸び、それでもまだひとりあたり83グラムになったところで、せいぜい1年にコーヒーを5杯か6杯飲む程度だ。中国はまだ、茶を飲む文化が圧倒的に強い国なのである。

しかし、自宅以外で飲む飲料のごく小さな市場において、コーヒーは全販売量の44パーセントを占める。中国はすでに、アメリカ以外でスターバックスの出店数が最多の国だ（今のところはまだ、客はおもに都市部の裕福な中産階級に限られてはいるが）。携帯電話で「ソーシャル・ギフト」「ソーシャルサービス」を利用して相手に贈り物をすることができるサービス」としてコーヒーを注文し合うのが中国人のお気に入りの飲み方だ。

現在、中国の家庭で飲まれているコーヒーのほぼすべてがロブスタ種を原料としたインスタント

中国のコーヒー栽培の中心地、雲南省のコーヒー種苗場、2014年。

コーヒーであり、輸入コーヒーの半分はベトナム産だ。中国では、コーヒー産業大手のネスレやスターバックスが中国雲南省のアラビカ種を栽培する農家と協力し、この成長途上の市場に国産のコーヒーを提供する計画が進んでいる。

ブラジルは、コーヒー生産国であると同時にコーヒー消費市場としても発展した稀有な例だ。成人の約95パーセントがコーヒーを飲み、ブラジルの国内市場の規模はアメリカと肩を並べつつある。ブラジルで販売されているコーヒーのすべては国内産であるはずだ。

1990年代から2010年代までにブラジルのコーヒー年間平均消費量は2倍になった。これを牽引したのが、人口の半分近くを占める新興の中流階級であり、彼らはカプチーノを提供する新しいスタイルのコーヒーショップの登場を歓迎した。2003年から2009年のあいだに自宅外でのコーヒー消費量は170パーセント増加している。コーヒーの焙煎と挽き方についてそれぞれ認証ラベルが導入されたことが国内のコーヒー消費に変化をもたらし、消費量が増え、コーヒーの質も高くなった[11]。

インドネシア、フィリピン、ベトナムでは、国内産コーヒー豆を使用する焙煎業者、小売業者、コーヒーショップ・チェーンが急増しており、現在この3か国はアジアでもっとも急成長中の消費者市場だ。ベトナムのチュングエン・コーポレーションは5つのコーヒー精製工場を稼働させてソリュブルコーヒーを生産し、60か国以上に輸出している。同社の直営コーヒーショップ、およびコーヒーを供給する店はベトナムに1000店以上ある。大半の店はロブスタ種をベースとした粉末コーヒーを使い、コンデンスミルクをくわえて、ベトナム人の嗜好に合わせたコーヒーを提供している。

元祖「アジアの虎」である国々でも、コーヒー文化を進化させている。シンガポールではサードウェーブ文化がしっかりと根付いたことが、この都市の世界的地位にも好影響をおよぼしている。韓国は現在、商業用エスプレッソマシンの市場が他のどこよりも急成長中の国だ。ソウルのひとりあたりのコーヒーショップ数はシアトルよりも多いと思われる。コーヒーショップの営業時間は一般に午前10時から午後11時まで。狭いアパートに住む人は夕方になるとコーヒーショップに出かけ、平均滞在時間は1時間を超える。

◉新しい時代

スペシャルティコーヒー・ムーブメントは、先進国におけるコーヒーのコモディティ化に対抗する動きとして発展した。アメリカにおいて、2014年のひとりあたりの消費量が4・5キロ近くに戻り状況が好転したことからも、このムーブメントが成功したことがわかる。

多国籍企業によるコーヒー産業の支配は続いているものの、その構成や性質には大きな変化も見られる。ネスレは世界最大の焙煎業者だが、一番の成長を見せているのがネスプレッソであり、高級スペシャルティコーヒーの位置付けだ。ルクセンブルクに本社をおき、JDE（ジェイコブズ・ダウ・エグバーツ）をはじめとするブランドを保有するドイツのJABもスペシャルティコーヒー部門に投資しており、ピーツ・コーヒーや、「サードウェーブ」チェーンのインテリジェンシアとスタンプタウン、それにキューリグを買収している。

コーヒーの消費は現在世界中にあまねく広がりつつあり、従来の生産国と消費国というふたつの区分では収まらなくなっている。ヨーロッパは今も、市場の約3分の1を占める世界最大の消費地域であるが、アジア、北アメリカおよびラテンアメリカがそれぞれ5分の1を占めるまでになった。アジアにおけるひとりあたりの消費量が北アメリカの約10分の1であることを考慮すると、アジアにはまだまだ成長余力があると思われる。

スペシャルティコーヒー革命の効果で、コーヒーの新時代を築く礎《いしずえ》が生まれつつある。2014

世界のコーヒー消費量の地域分布（2012～16年）*

地域	世界の総消費量における割合（％）	年平均成長率（％）
ヨーロッパ	33.3	1.2
アジアおよびオセアニア	20.9	4.5
北アメリカ	18.4	2.5
南アメリカ	16.6	0.4
アフリカ	7.0	0.9
中米	3.5	0.7
世界	100	1.9

* ICOのデータ

年から2016年までのあいだに、世界の年間コーヒー消費量はコーヒー豆生産量を超えた。中長期的には新しい市場の成長に引っ張られてコーヒー需要は増加し、消費が多い傾向が続くと思われるが、経済および環境的要因しだいでは生産量の低下があやぶまれる。

というのは、経済発展はコーヒーの消費量を押し上げるだけではなく、生産にも影響を与えるからだ。世界のコーヒー栽培者は高齢化しつつあり、その子の世代はよりよい就労機会を求めて都市部へと移住している。これによって生産量が減少することが考えられるが、しかし子の世代が土地を分け合う場合にも、農地の規模が小さくなってコーヒー栽培を維持できなくなる可能性がある。

コーヒー栽培にとって最大の脅威は気候変動だ。2050年までに、コーヒーの生産に適した地域は、世界規模で見れば50パーセント減少するとされている。[12] 極度の高温や低温を含め、気候の変動が大きくなると、降水パターンの変化や病気や害虫の発生によって生産量に影響を与える可能性がある。また、気

エチオピア商品取引所（ECX）におけるコーヒー取り引き、2017年。ECX の設立は、エチオピアが同国産コーヒーの価値を認識する大きな機会となった。とはいえ、調整機構としては構造に不備がある点が議論されている。

候変動によってあらたな生産地が登場することも考えられる（カリフォルニア州南部ではコーヒーがすでに栽培されている）。もしそうなったとすると、伝統的な栽培地域やコーヒー栽培で生計を立てている農家への影響は甚大なものになるだろう。研究者たちは、よいフレーバーはそのままに、気候の変化に耐性のある品種を作ろうとしており、これが気候変動の影響をやわらげる一助となるかもしれない。だがそれでも、別の土地に移動する、あるいは栽培作物を替えたりする必要のある農民は多数出てくることだろう。

　コーヒー市場を支える基盤には、このようにさまざまな変化が見られる。しかしこの変化は、とくにスペシャルティコーヒー市場に出荷できるような生産者にとっては、コーヒー豆の価値を高める可能性を秘めたものだとも言える。そして、経済発展や気候変動といった要因は、すでにコーヒー産業の地政学的構造を変えているのである。ただし消費者にとってのスペシャルティ革命とは、これまで飲んできたものより高い品質の、より多様なコーヒーを楽しめるというすばらしいものだ。

さあ、おいしいコーヒーを！

謝辞

本書執筆中はエスプレッソを淹れているような気分だった。大量の材料を凝縮しておいしく飲める一杯のコーヒーにするのだ。

本書執筆の機会と適切な執筆準備期間を与えてくれたマイケル・リーマン、それに執筆を支援してくださったリアクション・ブックスのスタッフのみなさんにも感謝申し上げる。アレグラ・ストラタジー、コミュニカフェ、国際コーヒー機関、ＭＵＭＡＣアカデミー、スペシャルティコーヒー協会およびワールド・コーヒー・リサーチからは快く情報を提供していただいた。また執筆中には、コーヒー産業に携わる方々からご教示いただくことも多く、その寛容さには驚くばかりだった。アゴ・ルゲッリ、アンナ・ハメリン、アーニャ・マルコ、アーサー・エルネスト・デルボーフェン、バーバラ・デルボーフェン、バリー・キタール、ブリッタ・フォルマー、クリーヴ・マトン、コリン・スミス、ダルシオ・デ・カミリス、エンゾ・フランジャモーレ、エンダー・トゥラン、エンリコ・マルトーニ、ケネス・マッカルパイン、ケント・バッケ、リンゼー・アイノン、ルイジ・モレロ、モーリッツィオ・ジュリ、ロバート・サーストン、ショーン・ステイマン、ヤスミン・シルバーマン。みなさんには本書の特定の箇所について助言をいただき、心から感謝申し上げる。

本書は私の妻エリザベスの支えなしには刊行にいたらなかっただろう。妻とコーヒーを分かち合えるという幸せにも感謝を。

訳者あとがき

本書『「食」の図書館　コーヒーの歴史 *Coffee: A Global History*』はイギリスの Reaktion Books が刊行する The Edible Series の一冊であり、本シリーズは２０１０年に、料理とワインに関する良書を選定するアンドレ・シモン賞の特別賞を受賞している。著者であるジョナサン・モリスはイギリスの大学で教授職に就き、消費と消費社会を研究する歴史家である。コーヒーの歴史に造詣が深いことから、本書でも、大昔のエチオピアの森から現代のサードウェーブ・コーヒーまで、読者をコーヒーの歴史をたどる旅へと案内してくれる。

ヤギ飼いのカルディが森のなかの赤い実を食べたことからはじまった――真偽のほどはともかく――コーヒー飲用の習慣は、イスラム社会から植民地政策を進めるヨーロッパを経て江戸時代に日本に伝わり、明治維新後になってコーヒーは一般社会でも飲まれるようになった。本書ではうれしいことに独立した項として「日本」が取り上げられており、喫茶店やカフェの登場や、日本のユニークな文化とも言える缶コーヒーなどが紹介されている。

日本では、とくに21世紀に入ってからのコーヒー文化の発展には目覚ましいものがあるのではないだろうか。家庭や職場で淹れるレギュラーコーヒーやインスタントコーヒーがバラエティに富んでいることはもちろん、シアトル発、日本発祥のものも含め、おしゃれでさまざまなコーヒーがそろったカフェも全国に増えた。２０１９年には本書第６章の図版でも紹介されているスターバックスリザーブロースタリーが東京にオープンし、初日には、この店の前に順番待ちの長い列ができているようすをニュースが伝えていた。「プレミアム」な体験をできる場として、ここではコーヒー豆の焙煎から袋詰めまでの過程を見ることができるという。

またこうした、少々高くても素敵な店で本物のコーヒーを味わうというトレンドの一方で、安くておいしいコーヒーを飲める「コンビニカフェ」も一大勢力となっている。主要なコンビニエンスストアでは、ドリップ式またはエスプレッソマシンで抽出したコーヒーが1杯１００円ほどで飲め、これがなかなかおいしいと、一定の人気を集めている。そして、缶コーヒーはさらに多種多様なものが登場し、ＣＭには宇宙人まで出てきて購買者を惹きつけている。

総務省統計局の調査では、２０００年以降の6年間で、コーヒーは2割、コーヒー飲料は3割も支出金額が増加した。そして、コーヒー豆の輸入が全面自由化されてから60年近く経った今、日本はコーヒー豆輸入においては世界第3位の国となっている。江戸時代の狂歌師・戯作者である大田《おおた》南畝《なんぽ》（蜀山人《しょくさんじん》）は幕府御家人でもあり、19世紀初頭に長崎奉行所に赴任した折にコーヒーを飲んだという。その当時、蜀山人が「焦げくさくして味ふるに堪えず」と書いたコーヒーは、現代の日本の社会にすっかり溶け込んでいるのである。

食後に、あるいは仕事でほっとひと息つくときに口にするコーヒー。コーヒーがなければ一日がはじまらない、という方もいらっしゃるだろう。本書でお届けしたコーヒーの歴史や消費者に届くまでの旅が、そのアロマやフレーバーに少しだけ深みをくわえてくれるとしたら、こんなにうれしいことはない。

本書を訳すにあたっては多くの方にお世話になりました。とくに本書を訳す機会とさまざまな助言をいただいた原書房編集部の中村剛さん、いつも温かくサポートしてくださっているオフィス・スズキの鈴木由紀子さんには心より感謝申し上げます。

平成31年4月

龍　和子

写真ならびに図版への謝辞

図版の提供と掲載を許可してくれた関係者にお礼を申し上げる。簡略化し，一部作品の掲載ページを以下にまとめる。

Bettmann/Contributor/Getty Images: p. 146; © Château des ducs de Bretagne - Musée d'histoire de Nantes: p. 102; DeAgostini/G. DAGLI ORTI/Contributor: p. 126上; Elizabeth Dalziel: p. 49; Peter Harris/SteamPunkCoffeeMachine: p. 10; International Coffee Organization: pp. 23, 38, 134, 137, 150上, 154, 176; Keystone-France/Gamma-Keystone via Getty Images: p. 131; Lebrecht Music and Arts Photo Library/Alamy Stock Photo: p. 93; Library of Congress, Washington, DC: pp. 54, 114; Stuart McCook: p. 118; Jonathan Morris: pp. 27, 31, 42, 44, 61, 168, 197, 200; © Nespresso: p. 203; courtesy Nestlé Historical Archives, Vevey, Switzerland: p. 158; Jake Olson for World Coffee Events: p. 198; © Paulig Coffee: p. 163; Steve Raymer/corbis/Corbis via Getty Images: p. 181; Rijks museum, Amsterdam: pp. 68, 80, 79上下; Kurt Severin/ Three Lions/Hulton Archive/Getty Images: p. 128; Colin Smith: pp. 16, 18上下, 19, 25, 29上下, 30, 32, 34, 35, 36, 56, 212, 218; © Specialty Coffee Association: pp. 12-13; Tatjana Splichal/Shutterstock.com: p. 206; Anthony Stewart/National Geographic/Getty Images: p. 165; Robert Thurston: p. 214; Universal Images Group North America LLC/ DeAgostini/Alamy Stock Photo: p. 69; © Victoria and Albert Museum, London: p. 68; Victor Key Photos/Shutterstock: p. 196; World History Archive/Alamy Stock Photo: p. 100; Yale Center for British Art: p. 86.

Boston Public Library, the copyright holder of the image on p. 122; Rob Bertholf, the copyright holder of the image on p. 194; and Seattle Municipal Library, the copyright holder of the image on p. 188, have published them online under conditions imposed by a Creative Commons Attribution-Share Alike 2.0 Generic License; Howard F. Schwartz, Colorado State University, Bugwood.org, the copyright holder of the image on p. 109, has published it online under conditions imposed by a Creative Commons Attribution-Share Alike 3.0 Generic License; Andy Carlton, the copyright holder of the image on p. 211; Nesnad, the copyright holder of the image on p. 172; and Wellcome Images, the copyright holder of the image on p. 71, have published them online under conditions

参考文献

Clarence Smith, William Gervase, and Steven Topik, eds, *The Global Coffee Economy in Africa, Asia, and Latin America, 1500-1989* (Cambridge, 2003)

Daviron, Benoit, and Stefano Ponte, *The Coffee Paradox* (London, 2005)

Ellis, Markman, *The Coffee House: A Cultural History* (London, 2004)

Folmer, Britta, ed., *The Craft and Science of Coffee* (Amsterdam, 2017)

Hattox, Ralph, *Coffee and Coffeehouses: The Origins of a Social Beverage in the Medieval Near East* (Seattle, WA, 1985) [『コーヒーとコーヒーハウス　中世中東における社交飲料の起源』ラルフ・S・ハトックス著／斎藤富美子・田村愛理訳／同文館／1993年]

Laborie, P. J., *The Coffee Planter of Saint Domingo* (London, 1798)

Maltoni, Enrico, and Mauro Carli, *Coffeemakers* (Rimini, 2013)

Palalcios, Marco, *Coffee in Colombia 1850-1970* (Cambridge, 1980)

Pendergrast, Mark, *Uncommon Grounds* (New York, 2010) [『コーヒーの歴史』マーク・ペンダーグラスト著／樋口幸子訳／河出書房新社／2002年]

Roseberry, William, Lowell Gudmondson and Mario Samper Kutschbach, eds, *Coffee, Society and Power in Latin America* (Baltimore, MD, 1995)

Talbot, John M., *Grounds for Agreement* (Lanham, MD, 2004)

Thurston, Robert, Jonathan Morris and Shawn Steiman, eds, *Coffee: A Comprehensive Guide to the Bean, the Beverage and the Industry* (Lanham, MD, 2013)

Ukers, William H., *All About Coffee* (New York, 1935) [『オール・アバウト・コーヒー：コーヒー文化の集大成』ウィリアム・H・ユーカーズ著／UCC上島珈琲株式会社監訳／TBSブリタニカ（阪急コミュニケーションズ）／1995年]

Vidal Luna, Francisco, and Herbert S. Klein, *The Economic and Social History of Brazil since 1889* (Cambridge, 2014)

ヒーを供する。

6. 上流階級の人々が住む地域では「カフェ・ディアボリーク」と呼ばれているが，このニューオリンズ発祥の「燃える酒」は，クレオールの料理文化が花開いたすばらしい一品だ。

●アイリッシュコーヒー

1940年代，飛行艇が大西洋を越えてアイルランドのフォインズ空港に着陸していた当時，空港のバーのシェフが乗客の身体を温めようと，コーヒーにウイスキーをくわえて出した。これはブラジルのコーヒーなのかと聞かれたシェフは，「いいえ，アイリッシュ(アイルランドの)コーヒーです」と答えた。このコーヒーはその後，アイルランドとアメリカでよく作られるようになった。ここに掲載するのは，1956年に刊行された『コーヒーを楽しもう *Fun with Coffee*』で汎アメリカ・コーヒー局が推奨するレシピだ。

1. 温めたワイン・グラスに白砂糖小さじ2を入れ，グラスの3分の2程度まで熱いコーヒーを注ぎ混ぜる。
2. アイリッシュ・ウィスキーを大さじ2杯ほどくわえ，上にそっとホイップクリームをのせる（スプーンの背にクリームをのせてコーヒーに浮かべる。いったん浮かべたらかき混ぜないこと)。

●エスプレッソマティーニ

エスプレッソ（シングル）…30*ml*
ウォッカ…50*ml*
シュガーシロップ…10*ml*

1. 材料をすべてカクテル用シェーカーに入れて氷を詰め，少なくとも10秒シェイクする。
2. 冷やしたマティーニ用グラスに注ぎ，飾りにコーヒー豆3粒を寄せて浮かべる。

このレシピでは「サヴォイアルディ」（レディフィンガー〔貴婦人の指〕またはスポンジフィンガーとも呼ばれる）というビスケットを使用する。

卵黄…12個
白砂糖…500*g*
マスカルポーネ・チーズ［イタリア原産のクリームチーズ］…1*kg*
サヴォイアルディ…60個
コーヒー
ココアパウダー

1. コーヒーを淹れ，ボウルでさましておく。
2. 卵黄を砂糖と一緒にしっかりと泡立て，マスカルポーネ・チーズをこれにそっと混ぜ合わせなめらかなクリームにする。
3. サヴォイアルディ 30個をコーヒーに浸けるが，コーヒーを吸ってしまわないように気を付ける。
4. このサヴォイアルディを丸い皿の真ん中に1列に並べ，その上に2のクリームの半量を広げる。
5. 残りのサヴォイアルディ 30個も同じようにコーヒーに浸けて4のクリームの上に並べ，その上に残りのクリームを広げる。
6. ココアパウダーを振りかけ冷やしてから供する。

…………………………………………

◉ブリュロ，またはカフェ・ディアボリーク

マーサ・マカロック＝ウィリアムズ『オールドサウスの料理と飲み物 *Dishes and Beverages of the Old South*』（1913年）より

1. ブランデーレードル（ひしゃく）が付いたブリュロ専用のボウルにレードル3杯のブランデー，オレンジ半個分のピール，クローブ12個，シナモンスティック1本，オールスパイス［フトモモ科の植物で，葉や果実を香辛料として使用する］数個，角砂糖6個を入れる。
2. 数時間そのままにしておき，スパイス類のエッセンシャルオイル（精油）をブランデーに抽出する。ブリュロを作るときに，これにひとりにつきレードル1杯分のブランデーを足し，ドミノシュガー［アメリカの大手砂糖会社製の砂糖］を2個くわえる。
3. ボウルの下においたトレーにアルコールを注ぎ火をつける。ブランデーのボウルを前後に揺すって炎をブランデーに移す。
4. 2～3分燃やす――部屋の灯りを消せばとても幻想的なので，ぜひ試してほしい。
5. 3分後，小さなカップ1杯分の濃くて透明な熱いブラックコーヒーを人数分ブランデーに注ぎ，炎が消えるまでかき混ぜ続け，焼けるように熱いコー

2. ブラウンシュガーとバターをくわえてよくこね，中央をくぼませてゴールデンシロップを注ぐ。
3. 2にコーヒーをくわえ，卵を割り入れてよくこねる。
4. 3を強度のある木製スプーンでまぜ，水分が足りなければ少量のミルクをくわえる。
5. 最後にスグリとサルタナレーズンをくわえ，用意しておいた長方形のケーキ型で1～2時間焼く。
ケーキ約800*g*の分量。

…………………………………………

●コーヒー・アイスクリーム

A. エスコフィエ『料理の手引き *A Guide to Modern Cookery*』（1907年）より

[アイスクリーム]
1. 砂糖約300*g*と卵黄10個を鍋に入れて，とろりと帯状に落ちるくらいまで混ぜる。
2. ミルク約1.1リットルを沸騰させ，これで少しずつ1を伸ばし，中火にかけてかき混ぜながら，スプーンを引き出すと流れ落ちずに表面に薄く残る程度まで熱する。このとき，沸騰させるとカスタードになってしまうので注意する。
3. 2を浅いボウルに広げ，ときどきかき混ぜながらしっかり冷ます。
4. 割った氷に食塩（海塩や冷却用の塩）と硝酸カリウムを混ぜたものでボウルを囲んでアイスクリームを凍らせる。こうすると塩の作用で氷温が大きく低下し，なかの液体は急速に凍る。
5. 凍らせる際にアイスクリームフリーザーを使う場合は，純錫製のものにすること……これに凍らせる材料を注ぎ入れ，ふたに付いたハンドルをもってフリーザーを揺り動かし続ける。あるいはハンドルを動かして回転させるタイプのものは，回転する動きで材料がフリーザー側面の壁に飛び散ってそこで急速に凍る。凍ってはりついたものからどんどん専用のヘラではがしとり，まとめてなめらかなアイスクリームにする。

[コーヒーフレーバーのソース]
1. 焙煎したての砕いたコーヒー豆約57*g*を沸騰させたミルクにくわえ，20分間浸しておく。
2. または，挽いたコーヒー豆約57*g*に水約285*ml*を注ぎ，非常に濃いコーヒー液を作ってそれを約850*ml*の沸騰させたミルクにくわえる。

…………………………………………

●ティラミス

ティラミスはイタリア伝統のデザートと思われがちだが，1970年代にトレヴィーゾのレストランで誕生したものだ。ここに掲載するのは当レストランのレシピで，www.tiramesu.it で閲覧可能だ。

淹れる。現在，多くのコーヒーショップではダブルエスプレッソ（2杯分）を標準としている。

フラットホワイト――サードウェーブで人気のミルクたっぷりのコーヒーで，オーストラレーシア発祥。マイクロフォームのミルクをダブルのリストレットが入ったコーヒーカップに注ぎ，「フラット」な（平たい）表面に通常はラテアートで仕上げをする。

アイスコーヒー――通常の淹れ方をしたコーヒーを冷やして氷を入れて出す。

マキアート――エスプレッソの上に少量のフォームドミルクをのせたもの。

モカ――さまざまなタイプのものがあるが，基本となる材料はエスプレッソ，チョコレート，スチームドミルクだ。マシュマロなどを添えて出すことが多い。

ニトロコーヒー――コールドブリュー・コーヒーにニトロ（窒素）を注入したもので，クリーミーな味わい。

ピッコロ――エスプレッソの上に同量のマイクロフォームのミルクをのせたもの。

リストレット――少量で濃いエスプレッソで，約15ml。南イタリアでよく飲まれている。

コーヒーは長く食品やカクテルの材料として使われてきた。ここには，昔ながらで，コーヒーの使い勝手のよさがわかるレシピをいくつか紹介する。分量や作り方は作られた当初のもの。

◉コーヒーケーキ

ビートン夫人の『家政読本 *Book of Household Management*』（1861年）より

バター…約225*g*
ブラウンシュガー［精製度合が低く，糖蜜成分が残った砂糖］…約225*g*
ゴールデンシロップ［サトウキビから砂糖を作る過程でできる褐色の糖蜜］…約112*g*
スグリ［ブルーベリーくらいの小さな実をつける落葉低木。果実はジャムなどによく使われる］…約225*g*
サルタナレーズン［干しブドウ。サルタナは種なしブドウの一品種でトルコが主要産地］…約450*g*
小麦粉…約675*g*
ベーキングパウダー…約28*g*
卵…2個
ナツメグ，クローブ［フトモモ科のチョウジキのつぼみを乾燥させた香辛料］，シナモンを混ぜたもの…約14*g*
冷やした濃いコーヒー…約140*ml*
ミルク少量

1. ベーキングパウダーとナツメグなどのスパイス類を小麦粉と一緒にふるいにかけてボウルに入れる。

◉エスプレッソ

エスプレッソマシンとコーヒーミルに金を使わずしておいしいエスプレッソを淹れられるなどと思わないこと。

コーヒーの抽出速度が変わるため，豆の挽き方（砂程度の大きさ）は重要だ。モカエキスプレスを使う場合には，あらかじめ挽いたエスプレッソ用ブレンドを使えばうまくいく。

ミルクを泡立てる場合は，スチームワンド［蒸気でミルクを温め泡立てる器具］をミルクの表面のすぐ下まで入れて渦を作るのが基本だ。ミルクの表面が上昇してくるので，ミルクの入ったピッチャーをゆっくりと下げ，スチームワンドを終始ミルクに深く入れすぎないように注意する。

コーヒー通は自分のエスプレッソマシンで淹れるのにこだわるが，地元のコーヒーショップに出かけたほうが手っ取り早くおいしいエスプレッソを飲めるだろう。

……………………………………………

◉コーヒーショップのメニュー

世界で展開するコーヒーショップのメニューに並ぶのは，エスプレッソをベースとし，蒸気で温めるか泡立てたミルクと組み合わせたコーヒーが大半だ。ミルクの泡立ては，「ドライ」カプチーノ［フォームド（泡立てた）ミルクをたっぷりとくわえたカプチーノ］にくわえるとても軽い大きめの泡から，フラットホワイトに使う，微細な泡の，ベルベットのようになめらかなマイクロフォームまでさまざまだ。コーヒーのサイズも国やチェーンによって異なる。

アメリカーノ――エスプレッソを湯で薄めたもの。

ベビチーノ――子供向けの，コーヒー抜きの泡立てミルク。

カフェラテ――エスプレッソの上にスチームドミルクをのせ，フォームドミルクを少量のせる。シロップでジンジャーブレッド，パンプキン，バニラなどのフレーバーをくわえる。

カプチーノ――エスプレッソの上に同量のスチームドミルクとフォームドミルクをのせたもの。ミルクの上にココアやシナモンパウダーを振りかけることもある。

コールドブリュー――冷蔵庫内で，挽いたコーヒーを冷水で浸漬して16～24時間かけてじっくりと淹れる，夏においしいコーヒー。

コールドドリップ――フィルターを用い，冷水でコーヒーをドリップする。通常は8時間ほどかけてゆっくりとドリップしたコーヒー。

コルタード――スペイン風のエスプレッソ（イタリアのエスプレッソよりも量は多く薄い）。コーヒーと同量のスチームドミルクをのせる。

エスプレッソ――濃縮したコーヒー。およそ9気圧で25～30mlのコーヒーを

◉フレンチプレス／カフェティエール

一番簡単で，よく使われるコーヒーの淹れ方。コーヒー豆を粗挽きにし（パン粉くらい），フレンチプレス用のポットに入れて熱湯を注ぎ4分置く（タイマーを使うこと）。それからプランジャー（ポットの真ん中の棒）を下に押す。香りのよいコーヒーをカップに注げば，朝食にぴったりだ。

◉フィルター（V60，ケメックス）

すっきりした味わいで午後のコーヒー向き。V60やケメックスなどのフィルターを使って淹れる。フィルターを湿らせ，中挽き（塩粒くらい）のコーヒーを入れてゆすってならし、熱湯を少量注いでコーヒーに吸わせて蒸らしたら，「ブルーム」（膨らむ）の状態になるまで待つ。それから，残った湯をそっと数回にわけて注ぎ，コーヒーがフィルターで漉されてカップに落ちるのを待つ。V60なら2分半，ケメックスでは4分ほどかかる。

◉エアロプレス

エアロプレスはとても使い勝手のよい携帯式器具だ。ペーパーフィルターを湿らせ，フィルターを取り付けたキャップを筒状の器具（チャンバー）の底に取り付けたら，これをカップの上にのせる。チャンバーに中細挽きのコーヒーを淹れて熱湯を注ぎ，10秒間かき混ぜたらプランジャーを差し込み，一定の力でプランジャーを押し込んでコーヒーを漉す。

アメリカーノに近い濃さのコーヒーを淹れる場合は，エアロプレスのスクープ（約15g）でコーヒーを計量して湯を2の目盛りまで注ぐ。フレンチプレスとフィルターで淹れるコーヒーの中間程度のコクにしたいなら，プランジャーを空のチャンバーの最上部に差し込み，上下逆さまにして（プランジャー部分を下にして）コーヒーと湯をくわえ，かき混ぜ，3分間蒸らす。フィルターを付けたらマグをチャンバーの上にかぶせて上下ひっくり返し，ゆっくりとプランジャーを押して漉す。フィルターキャップを取り外し，漉したあとのコーヒーの粉の固まりをプランジャーと一緒に引き出す。

◉モカポット（ストーブトップ・エスプレッソ・メーカー）

直火式のエスプレッソ・メーカー。下部のボイラーの安全弁のすぐ下まで水を入れて，細挽きのコーヒーをボイラーにセットしたバスケットにゆるく詰めて火にかける。湯がコーヒーを通って上部のサーバーに行き，エスプレッソが抽出されたボコボコとした音がしたら火を止める。これが秘訣だ。

レシピ集

すばらしい味わいのコーヒーを淹れるためには，高度な器具と知識，それにぎっしりと詰まった財布が必要だろうと怖じ気づく人は多い。このレシピ集には，あまり時間やお金をかけずに自宅で「おいしいコーヒーを淹れる」ヒントを掲載する。

カギは鮮度だ。自分で変更できる一番大きなポイントは，コーヒー豆を買ってきて，コーヒーを淹れる直前に豆を挽くようにする点だ。電動コーヒーミルを使うのが理想で，これがあればコーヒー豆を均一な大きさに挽くよう調整可能だ。安価なブレードグラインダー（プロペラ式）のミルでもかなり違うだろう。

コーヒー豆は少量を購入して，新鮮なうちに使う。コーヒー豆が入っている袋を見て，（「賞味」期限ではなく）焙煎した期日を確認しよう。焙煎後3週間以内のものを選び，多湿を避け，常温の暗いところに置く。ただし冷蔵庫内は避けること！

コーヒー豆はスーパーマーケットでも購入できるが，インターネットで「〔あなたの町の〕職人のコーヒー」を探したり，定額利用に申し込んだりして，スペシャルティコーヒーの供給者から購入してみよう。また原産国が明確な「シングルオリジン（単一産地）コーヒー」を購入すること。たとえばエチオピアならイルガチェフェ産というように，有名なコーヒー産地のものを選ぶほうがよい。

可能であれば，コーヒーと水はデジタルスケールで計量しよう。コーヒースクープ（計量スプーン）には通常，挽いたコーヒーが10グラム入る。湯は90℃から95℃が適温だ。やかんの湯が沸騰したら，30秒ほど置いてから使うのが一番簡単な方法だ。

コーヒー抽出に推奨されるコーヒーと水の割合，時間（好みによって調整）

コーヒーの淹れ方	カップ数	粉の分量（g）	水の分量（ml）	抽出時間（分）
フレンチプレス	1	20	300	4
V60	1	18	250	3.5
ケメックス	2 ～ 3	30	500	4
エアロプレス（ショート）	1	15	150	0.5
エアロプレス（ロング）	1	18	250	3 ～ 3.5
エスプレッソ（ショット）	1 ～ 2	7 ～ 9	25	25秒

SCAA (Spring 2003).

6 Daniel Jaffee, *Brewing Justice* (Berkeley, CA, 2007); Tina Beuchelt and Manfred Zeller, 'Profits and Poverty', *Ecological Economics*, LXX (2011), pp. 1316-24.

7 True Price, *Assessing Coffee Farmer Income* (Amsterdam, 2017).

8 David Levy et al., 'The Political Dynamics of Sustainable Coffee', *Journal of Management Studies*, LIII/3 (May 2016), p. 375.

9 Karol C. Boudreaux, 'A Better Brew for Success: Economic Liberalization in Rwanda's Coffee Sector', in *Yes Africa Can: Success Stories from a Dynamic Continent* (World Bank, 2010),pp. 18 5-99.

10 Ashis Mishra, 'Business Model for Indian Retail Sector', *IIMB Management Review*, XXV (2013), pp. 165-6.

11 International Coffee Organization, *A Step-by-step Guide to Promote Coffee Consumption in Producing Countries* (London, 2004), pp. 154-207; 'Brazil', www.thecoffeeguide.org, March 2011.

12 World Coffee Research, *The Future of Coffee: Annual Report 2016*, www.worldcoffeeresearch.org.

13 Harold B. Segel, *The Vienna Coffeehouse Wits, 1890-1938* (West Lafayette, in, 1993), p. 11.
14 Merry White, *Coffee Life in Japan* (Berkeley, CA, 2012).
15 全日本コーヒー協会 'Coffee Market in Japan', pdf document, www.coffee.ajca.or.jp/English, 2017年8月21日アクセス。
16 Gregory Dicum and Nina Luttinger, *The Coffee Book* (New York, 1999), p. 86.
17 Richard Bilder, 'The International Coffee Agreement', *Law and Contemporary Problems*, XXVIII/2 (1963), p. 378.
18 Steven Topik, John M. Talbot and Mario Samper, 'Globalization, Neoliberalism, and the Latin American Coffee Societies', *Latin American Perspectives*, XXXVII/2 (2010), p. 12.
19 Mark Prendergast, *Uncommon Grounds* (New York, 2010), p. 317.
20 John M. Talbot, *Grounds for Agreement* (Lanham, MD, 2004), p. 61.
21 同上, pp. 77-81.
22 International Coffee Organization, *World Coffee Trade (1963-2013): A Review of the Markets, Challenges and Opportunities Facing the Sector* (London, 2014).
23 Nestor Osorio, 'The Global Coffee Crisis: A Threat to Sustainable Development', Submission to World Summit on Sustainable Development (Johannesburg, 2002).
24 Stuart McCook and John Vandermeer, 'The Big Rust and the Red Queen', *Phytopathology Review*, CV (2015), pp. 1164-73.
25 Oxfam, *Mugged: Poverty in Your Coffee Cup* (Oxford, 2002).

第6章　スペシャルティコーヒー

1 Howard Schultz and Dori Jones Lang, *Pour Your Heart Into It* (New York, 1997), p. 52.
2 Ray Oldenburg, *The Great Good Place* (New York, 1989).
3 'What Are We Drinking? Understanding Coffee Consumption Trends', www.nationalcoffeeblog.org, 2016.
4 Jonathan Morris, 'Why Espresso? Explaining Changes in European Coffee Preferences', *European Review of History*, XX/5 (2013), pp. 881-901.
5 Timothy J. Castle and Christopher M. Lee, 'The Coming Third Wave of Coffee Shops', *Tea and Coffee Asia* (December 1999-February 2000), p. 14; Trish Rothgeb Skeie, 'Norway and Coffee', *The Flamekeeper: Newsletter of the Roasters Guild*,

Problems, 8 (1941), p. 720.
15 Prendergast, *Uncommon Grounds*, p. 157.
16 Ukers, *All About Coffee*, p. 484.
17 Prendergast, *Uncommon Grounds*, pp. 193-6.
18 Steve Lanford and Robert Mills, *Hills Bros. Coffee Can Chronology Field Guide* (Fairbanks, AK, 2006), pp. 19-25.
19 Andrés Uribe, *Brown Gold: The Amazing Story of Coffee* (New York, 1954), pp. 42-4.

第5章　国際商品

1 Stuart McCook, 'The Ecology of Taste', in *Coffee: A Comprehensive Guide*, ed. R. Thurston, J. Morris and S. Steiman (Lanham, MD, 2013), p. 253.
2 Jennifer A. Widner, 'The Origins of Agricultural Policy in Cote d'Ivoire', *Journal of Development Studies*, XXIX/4 (1993), pp. 25-59.
3 Moses Masiga and Alice Ruhweza, 'Commodity Revenue Management: Coffee and Cotton in Uganda', *International Institute for Sustainable Development* (2007).
4 Nestlé, *Over a Cup of Coffee* (Vevey, 2013), pp. 25-30.
5 Claire Beal, 'Should the Gold Blend Couple Get Back Together?', www.independent.co.uk, 28 April 2010.
6 Vivian Constantinopoulos and Daniel Young, *Frappé Nation* (Potamos, 2006).
7 Julia Rischbieter, ' (Trans)National Consumer Cultures: Coffee as a Colonial Product in the German Kaiserreich', in *Hybrid Cultures - Nervous States*, ed. U. Lindner et al. (Amsterdam, 2010), pp. 109-10.
8 Dorothee Wierling, 'Coffee Worlds', *German Historical Institute London Bulletin*, XXXCI/2 (November 2014), pp. 24-48.
9 L. Whitaker, 'Coffee Drinking and Visiting Ceremonial Among the Karesuando Lapps', *Svenska landsmal och svenstkt folkiv* (1970), pp. 36-40.
10 Dannie Kjeldgaard and Jacob Ostberg, 'Coffee Grounds and the Global Cup: Global Consumer Culture in Scandinavia', *Consumption, Markets and Culture, X/2 (2007), pp. 175-87.*
11 Jonathan Morris, 'Making Italian Espresso, Making Espresso Italian', *Food and History*, VIII/2 (2010), pp. 155-83.
12 Charlotte Ashby, Tag Gronberg and Simon Shaw-Miller, eds, *The Viennese Café and Fin-de-siècle Culture* (London, 2013).

14 Steven Topik, 'The Integration of the World Coffee Market', in *The Global Coffee Economy*, p. 28.
15 Gwyn Campbell, 'The Origins and Development of Coffee Production in Reunion and Madagascar', in *The Global Coffee Economy*, p. 68.
16 Emma Spary, *Eating the Enlightenment* (Chicago, IL, 2012), p. 91.
17 P. J. Laborie, *The Coffee Planter of Saint Domingo* (London, 1798), p. 158.
18 W. H. Ukers, *All About Coffee* (New York, 1935), p. 554.
19 Enrico Maltoni and Mauro Carli, *Coffeemakers* (Rimini, 2013).
20 Multatuli, *Max Havelaar: Or the Coffee Auctions of a Dutch Trading Company* [1860] (London, 1987).
21 Donovan Moldrich, *Bitter Berry Bondage: The Nineteenth Century Coffee Workers of Sri Lanka* (Pelawatta, Sri Lanka, 2016).

第4章　工業製品

1 Steven Topik and Michelle McDonald, 'Why Americans Drink Coffee', in *Coffee: A Comprehensive Guide to the Bean, the Beverage and the Industry*, ed. R. Thurston, J. Morris and S. Steiman (Lanham, MD, 2013), p. 236.
2 William H. Ukers, *All About Coffee*, p. 529に基づいたデータ。
3 John D. Billings, *Hardtack and Coffee* (Boston, MA, 1887), pp. 129-30.
4 Jon Grinspan, 'How Coffee Fueled the Civil War',www.nytimes.com, 9 July 2014.
5 Ukers, *All About Coffee*, p. 589.
6 同上, p. 596.
7 Mark Prendergast, *Uncommon Grounds* (New York, 2010), p. 49.
8 同上, p. 71.
9 Francisco Vidal Luna, Herbert S. Klein and William Summerhill, 'The Characteristics of Coffee Production and Agriculture in the State of Sao Paolo in 1905', *Agricultural History*, XC/1 (2016), pp. 22-50.
10 Prendergast, *Uncommon Grounds*, p. 84.
11 William Roseberry, 'Introduction', in *Coffee, Society and Power in Latin America*, ed. W. Roseberry, L. Gudmondson and M. Samper Kutschbach (Baltimore, MD, 1995), p. 30.
12 Ukers, *All About Coffee*, p. 424.
13 Marco Palacios, *Coffee in Colombia, 1850-1970* (Cambridge, 1980), p. 217 .
14 Paul C. Daniels, 'The Inter-American Coffee Agreement', *Law and Contemporary*

8　同上
9　同上
10　Michel Tuchscherer, 'Coffee in the Red Sea Area from the Sixteenth to the Nineteenth Century', in The Global Coffee Economy in Africa, Asia, and Latin America, 1500-1989, ed. William Gervase Clarence Smith and Steven Topik (Cambridge, 2003), p. 51.
11　同上, p. 55.

第3章　植民地の産物

1　Markman Ellis, The Coffee House: A Cultural History (London, 2004), p. 82.
2　Bennet Alan Weinberg and Bonnie K. Bealer, The World of Caffeine (New York, 2002), pp. 74-9.
3　Karl Teply, Die Einfuhrung des Kaffees in Wien (Vienna, 1980); Andreas Weigl, 'Vom Kaffehaus zum Beisl', in Die Revolution am Esstisch, ed. Hans Jurgen Teuteberg (Stuttgart, 2004), p. 180.
4　Ellis, The Coffee House, p. 33.
5　The Vertue of the Coffee Drink (London, undated, possibly 1656), now in the British Library.
6　Ellis, The Coffee House, p. 73.
7　Brian Cowan, The Social Life of Coffee: The Emergence of the British Coffeehouse (New Haven, CT, and London, 2005), p. 90.
8　A Catalogue of the Rarities to Be Seen in Don Saltero's Coffee House in Chelsea (London, 1731).
9　Samuel Pepys, diary entry, Friday 23 January 1663, www.pepysdiary.com.
10　Philippe Sylvestre Dufour, Traitez nouveaux et curieux du café, du thé et du chocolat, 3rd edn (The Hague, 1693), p. 135.
11　Julia Landweber, 'Domesticating the Queen of Beans', World History Bulletin, XXVI/1 (2010), p. 11.
12　Anne McCants, 'Poor Consumers as Global Consumers: The Diffusion of Tea and Coffee Drinking in the Eighteenth Century', Economic History Review, LXI, S1 (2008), p. 177.
13　M. R. Fernando, 'Coffee Cultivation in Java', in *The Global Coffee Economy in Africa, Asia and Latin America, 1500-1989*, ed. William Gervase Clarence Smith and Steven Topik (Cambridge, 2003), pp. 157-72.

注

第1章　種子から飲み物へ

1　David Browning and Shirin Moayyad, 'Social Sustainability', in *The Craft and Science of Coffee*, ed. B. Folmer (Amsterdam, 2017), p. 109.

2　Nick Brown, 'Natural Geisha Breaks Best of Panama Auction Record at $803 per pound', www.dailycoffeenews.com, 20 July 2018.

3　Charles Lambot et al., 'Cultivating Coffee Quality', in *Craft and Science*, ed. Folmer, pp. 21-2.

4　Shawn Steiman, 'Why Does Coffee Taste That Way', in *Coffee: A Comprehensive Guide*, ed. R. Thurston, J. Morris and S. Steiman (Lanham, MD, 2013), p. 298.

5　'Applied R and D for Coffee Leaf Rust', www.worldcoffeeresearch.org, 2004年12月10日アクセス。

6　Oxfam, *Mugged: Poverty in Your Coffee Cup* (Oxford, 2002), p. 20.

7　Eric Nadelberg et al., 'Trading and Transaction', in *Craft and Science*, ed. Folmer, p. 207.

8　U.S. Department of Health and Human Services and U.S. Department of Agriculture, *2015-2020 Dietary Guidelines for Americans*, 8th edn (2015), p. 33, www.health.gov/dietaryguidelines/2015/guidelines.

9　Joseph Alpert, 'Hey Doc, is it ok for me to Drink Coffee?', *American Journal of Medicine*, CXXII/7 (2009), pp. 597-8.

第2章　イスラムのワイン

1　Ralph Hattox, *Coffee and Coffeehouses: The Origins of a Social Beverage in the Medieval Near East* (Seattle, WA, 1985), p. 14.

2　同上, p. 18.

3　同上, p. 59.

4　Bernard Lewis, *Istanbul and the Civilization of the Ottoman Empire* (Norman, OK, 1963), p. 133.

5　Hattox, *Coffee and Coffeehouses*, p. 99.

6　Ayse Saracgil, 'Generi voluttari e ragion di stato', *Turcia*, 28 (1996), pp. 166-8.

7　同上, p. 167.

ジョナサン・モリス（Jonathan Morris）
ハートフォードシャー大学（イギリス）において現代ヨーロッパ史の研究教授職にある，消費と消費者社会を研究する歴史家。とくにコーヒーの歴史を専門とする。2013 年から 2016 年までは社会科学・芸術・人文学研究所（SSAHRI）の所長を務めた。*Coffee: The Comprehensive Guide to the Bean, the Beverage and the Industry*（2017 年）の共同編集者。スペシャルティコーヒー協会が選ぶ最優秀コーヒーの審査員でもある。

龍 和子（りゅう・かずこ）
北九州市立大学外国語学部卒。訳書に，ピート・ブラウン／ビル・ブラッドショー『世界のシードル図鑑』，「食」の図書館シリーズでは，レニー・マートン『コメの歴史』，カオリ・オコナー『海藻の歴史』，キャシー・ハント『ニシンの歴史』，お菓子の図書館シリーズでは，ローラ・メイソン『キャンディと砂糖菓子の歴史物語』（以上，原書房）などがある。

「食《しょく》」の図書館《としょかん》

コーヒーの歴史《れきし》

●

2019 年 *5* 月 *31* 日　第 *1* 刷
2020 年 *9* 月 *24* 日　第 *2* 刷

著者……………ジョナサン・モリス
訳者……………龍《りゅう》 和子《かずこ》
装幀……………佐々木正見

発行者……………成瀬雅人
発行所……………株式会社原書房

〒 160-0022 東京都新宿区新宿 1-25-13
電話・代表 03(3354)0685
振替・00150-6-151594
http://www.harashobo.co.jp

印刷……………新灯印刷株式会社
製本……………東京美術紙工協業組合

ISBN 978-4-562-05652-1, Printed in Japan

ジンの歴史 《「食」の図書館》

レスリー・J・ソルモンソン著　井上廣美訳

オランダで生まれ、イギリスで庶民の酒として大流行。やがてカクテルのベースとして不動の地位を得たジン。今も進化するジンの魅力を歴史的にたどる。新しい動き「ジン・ルネサンス」についても詳述。　2200円

バーベキューの歴史 《「食」の図書館》

J・ドイッチュ／M・J・イライアス著　伊藤はるみ訳

たかがバーベキュー。されどバーベキュー。火と肉だけのシンプルな料理ゆえ世界中で独自の進化を遂げたバーベキューは、祝祭や政治等の場面で重要な役割も担ってきた。奥深いバーベキューの世界を大研究。　2200円

トウモロコシの歴史 《「食」の図書館》

マイケル・オーウェン・ジョーンズ著　元村まゆ訳

九千年前のメソアメリカに起源をもつトウモロコシ。人類にとって最重要なこの作物がコロンブスによってヨーロッパへ伝えられ、世界へ急速に広まったのはなぜか。食品以外の意外な利用法も紹介する。　2200円

ラム酒の歴史 《「食」の図書館》

リチャード・フォス著　内田智穂子訳

カリブ諸島で奴隷が栽培したサトウキビで造られたラム酒。有害な酒とされるも世界中で愛され、現在では多くのカクテルのベースとなり、高級品も造られている。多面的なラム酒の魅力とその歴史に迫る。　2200円

ピクルスと漬け物の歴史 《「食」の図書館》

ジャン・デイヴィソン著　甲斐理恵子訳

浅漬け、沢庵、梅干し。日本人にとって身近な漬け物は、古代から世界各地でつくられてきた。料理や文化としての発展の歴史、巨大ビジネスとなった漬け物産業、漬け物が食料問題を解決する可能性にまで迫る。　2200円

（価格は税別）